PARIS
DANS VOTRE ASSIETTE

北京世纪文景文化传播有限责任公司 出品

盘中巴黎

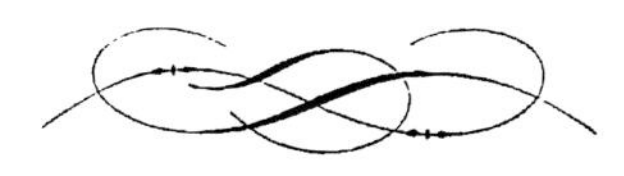

PARIS DANS VOTRE ASSIETTE

[法] 安娜·玛提奈蒂（Anne Martinetti）著

[法] 菲利普·阿塞（Philippe Asset） 摄影

全志钢 译

世纪出版集团 上海人民出版社

Menu

目录

巴黎，一场饕餮盛宴！

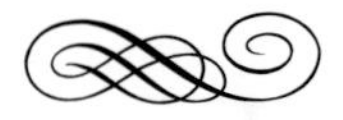

拉贝鲁斯饭店(Lapérouse)的门厅里挂满了众多作家的肖像，德鲁昂餐馆(Drouant)里随处都可以见到法国小说家科莱特的身影，富凯饭店(Fouquet’s)曾是许多作家享用午餐的首选之地，而意大利画家莫迪利亚尼和瑞士小说家布莱斯·桑德拉的影子依然徘徊在穹顶餐馆(La Coupole)，巴黎的这些老字号完全有理由因这些手执各式笔杆的大师们引以为荣，因为他们就是在它们的餐桌旁，在它们的椅子上，在它们的沙发上……品尝着它们的菜肴，博得了自己的名声，成就了自己的梦想！坐在双叟咖啡馆(Deux Magots)的露天座上，有谁能不联想到让－保罗·萨特和西蒙娜·德·波伏瓦的故事？

巴黎的作家！这是一个多么浩大的群体，穿越了时空的隔阂，不可能只谈其一而不及其他。他们来自五湖四海，心怀一个共同的目标，就是接受这座“光明之城”的洗礼，因为没有城市比这座都市更能带给他们灵感。许多作家都把自己的名字献给了这座都城，献给了它的大街小巷、它的地铁站，徜徉其间，仿佛法国的一段段文学史浮现于眼前：苏佩维埃尔巷、洛特雷阿蒙平台、布朗通胡同、莫里哀路、费朵走廊、博马歇大街、大仲马地铁站……

难道这些艺术家和作家都还是美食品鉴家吗？其实就是一群吃货嘛！法国著名作家泰奥菲尔·戈蒂耶曾经用尖刻的文笔描绘了堆积在身形庞大的维克多·雨果面前的那一大摞餐盘。历史资料还无情地记录下了这样一个事实，那就是作曲家罗西尼(Gioachino Rossini)早就看不到自己的双脚长什么样子了！而《巴黎圣母院》之父对自己位于孚日广场的家中的餐厅情有独钟，以至于他在设计装潢时把最好的位置留给了碗橱。至于巴尔扎克，他对食物的兴趣更是登峰造极，所以他才能在作品中描写笔下众多人物的菜单，所以他才会宣称：“面包师才是思想之父。”

巴黎的美食传统并非始于昨日：据历史学家的统计，早在1292年，巴黎就有68家糕点店和7家调料店。然而所谓的巴黎羊角面包，其实是后来从君士坦丁堡传入的，当时还没有出现在巴黎的市面上……

从一开始，美食的场景就自然而然地出现在了文学作品中，创作于1321年的一些韵文故事就惟妙惟肖地刻画了发生于莫贝尔广场附近的饮宴场面："玛格觉得光喝不吃太没意思。她点了一只肥鹅和满满一大碗蒜。热情的德鲁安还提供了新鲜出炉的糕点。店家下到地窖里取来了几瓶阿尔布瓦和圣埃米利翁的葡萄酒。几杯酒下肚后，这些美人儿便香汗淋漓了。她们身边，原本装满华夫饼、蛋卷、梨子、核桃、杏仁、奶酪的盘子统统见底了……"接下来发生的事情更是会让这些良家女子脸红好一阵子……

在几本东方菜谱和西班牙菜谱之后问世的《饮馔录》（*Viandier*）是第一本法国烹饪书籍。它的作者据说是人称"切风者"的纪尧姆·蒂莱尔（Guillaume Tirel）。这本书大概写于1380年，其内容后来被1393年左右成书的《巴黎家政书》（*Mesnagier de Paris*）大篇幅转录。"巴黎料理"由此诞生了……

法国首都的美食声誉很快就超越了国界。著名的威尼斯枢机主教鲁琉吉·利博马诺（Luigi Lippomano）——在许多小说中都能看到他的形象——是最早发现巴黎料理之丰富异常的人士之一："不到一个小时，烧烤师和糕点师就能为您准备一顿可供十人、二十人乃至上百人享用的晚餐或夜宵。烧烤师为您烤肉，糕点师为您提供各式糕点……"他于1557年在他的法兰西行记《出行之书》（*In Exodum*）中写道。

十九世纪初叶，一位富有传奇色彩的人物、间谍、外交官……同时还是一位美食家——奥古斯都·冯·考茨布（这名字肯定不是真的！）在他的《巴黎记忆》中详细地描写了巴黎人的烹饪习俗："快到一点钟时，人们就在一张桃花心木餐桌上摆满了各种冷盘和美酒。事实上，那里的人们热菜吃得并不多，最多就是一些压烤鸽子、芥末蛋黄酱鸡、汤汁馅饼、腰子和香肠。相反，冷菜却很丰富，有色拉、各种肉类冷盘、冷的野味馅饼和火腿馅饼。入口菜则是来自著名的康卡勒岩石酒店（rocher de Cancale）的牡蛎。"

远至莫斯科，巴黎的美食都被人们当作优雅的代名词："来看看我吧，我的小祖宗"，陀思妥耶夫斯基在《无名氏笔记》（*Село Степанчиково и его обитатели*）中写道，"来和我吃晚饭吧。我的烧酒来自基辅，我的厨师来自巴黎。他会为您准备美味佳肴，让人吮指回味的馅饼，简直叫人佩服得五体投地！这家伙可真是有本事，我说！"

到了欧洲一体化、全球化的二十一世纪，"法式烹饪"已经跻身世界文化遗产之列。虽然不能说法国其他地区的菜系只是陪衬，但巴黎料理确是法国烹饪中当仁不让的主打明星。巴黎的知名餐馆和糕点大师已经迈出了国门，走向了世界：名厨阿兰·杜卡斯（Alain Ducasse）的餐厅已经在香港的英皇道和伦敦开设了分店，拉杜丽（Ladurée，是一家于1862年在巴黎皇家街成立的老字号甜品餐厅）以及它的各式甜点则来到了都柏林和米兰。巴黎的美食正在持续地散发出光芒，点亮了作家和艺术家的灵感。这光会永远地照耀吗？

二十世纪初，蒙马特的小酒馆成为了一些穷困潦倒的作家和艺术家钟爱的庇护所。它们提供最为廉价的热饭热菜、提神醒脑的酒水饮料和暖意洋洋的休憩之处，这些都是他们日常蜗居的小阁楼所不具备的，而且那里允许他们用自己的画作或帮工来充抵饭费！小酒馆还拥有现代化的便利设施："人们有时给他打电话，他可以到楼下阿纳托尔小酒馆的后间去接听。在那里堆放着的一箱箱汽水、啤酒以及两三桶葡萄酒之间，有一部象征着尖端科技的电话机。"法国小说家阿方斯·布达尔（Alphonse Boudard）在回忆录中写道。

第一章

酒馆酒肆

巴黎的小猫钓鱼(Le Chat qui Pêche)、母猪纺线(La Truie qui file),还有黄金罗盘(Le Compas d' or),这些饭店是不是今天巴黎小酒馆的祖宗?很有可能,这些酒肆和法国的首都一样古老,一提到它们,人们的脑海里就会浮现出这样的画面:阴暗的光线、缭绕的烟雾、松动摇晃几近散架的椅子、布满斑斑陈年酒渍的桌子;它们见证了法兰西文学的那时花开。美食评论家兼诗人(这两种身份对他来说大概是缺一不可的吧)皮埃尔·贝亚恩(Pierre Béarn)在自己的著作《美味巴黎》(*Paris gourmand*)中带引读者进行了一次飘溢酒香的漫步:"……想像自己来到木鞋酒馆(Sabot),法国诗人龙萨住在圣马塞尔镇时常常光顾它。跟随着大文豪拉伯雷微醺的灵魂,就来到了位于护墙广场的松果酒馆(Pomme de Pin)。这边,则是青萝卜酒馆(Radis couronné),高乃依(Pierre Corneille)、阿尔蒂(Alexandre Hardy)、梅莱(Jean de Mairet)、罗特鲁(Jean de Rotrou)等一群快乐的十七世纪法国剧作家是这里的座上客,莫里哀常在这里打趣逗乐,而作家布瓦罗(Boileau)则在这里正襟危坐……还有普鲁韦尔街上的风笛酒馆(La Cornemuse),以及白羊酒馆(Mouton Blanc),据说剧作家拉辛(Jean Racine)的《讼棍》(*Les Plaideurs*)就创作于这家酒馆。还有一条小巷子,喧闹程度堪比如今的甘康普瓦街,会把您带到喜剧作家马里沃(Pierre Carlet de Marivaux)时常出入的木剑酒馆(L' Epée de bois)。"

小酒馆是巴黎一道独特的风景,能否确定它到底诞生于何时呢?这显然是不可能的。巴黎最早的历史学家之一,吉耶拜尔·德梅兹(Guillebert de Metz)估计巴黎共有四千家酒铺。需要说明的是,德梅兹是在1434年做出这一估计的……这些酒铺是小酒馆的前身,通常售卖面包和热腾腾的鲱鱼,"恶棍诗人"弗朗索瓦·维庸(François Villon)曾经这样歌唱它们:

"您饿了吗?到这里来吃饭。/您渴了吗?到这里来喝点吧。/您冷吗?来这里取暖。/您热吗?来这里乘凉。"

至于弗朗索瓦·拉伯雷创作的大名鼎鼎的《巨人传》的主角——庞大固埃及其同样声名赫赫的儿子卡冈都亚都是如假包换的吃货。《巨人传》第三卷中讲述了一起争执,一家烤肉店老板强迫一位流浪汉付钱,因为后者是闻着他店中散发的烤肉香味吃面包的。这段十六世纪的文字现在读起来还是那么别有味道:

"巴黎小沙特莱要塞的烤肉街,一家烤肉店的门前,一个要饭的一边闻着烤肉香味一边吃面包,吃得津津有味。烤肉店老板没有打扰他。等到要饭的把整个面包都咽下了肚,烤肉店老板一把抓住他的衣领,要他付烤肉香味的钱。要饭的说,我又没有碰过你们家的肉,一星半点儿的肉屑也没有碰过,我什么也不欠你的。至于烤肉的香味嘛,是它自己散到外面来的,是它自己溜出来的;从来没有听说过,在巴黎,还有人在街上卖烤肉香味的。"

让人为烤肉香味付钱,这便是人们常说的买空卖空吧……

随着岁月变迁,小酒馆(而且法语中"bistrot"[小酒馆]这个词的来源,还存在着很多的争议)的概念也在发展:它可以是小说《茫茫黑夜漫游》(*Voyage au bout de la nuit*)的

主人公巴尔达缪喝点“小黑酒”或“小白酒”的简陋场所，也可以是金牌编剧雅克·普雷韦尔（Jacques Prévert）所说的在那里匆匆吃一个蛋黄酱蛋或一份酸醋大葱权且充饥的地方，还可以是像比利时侦探小说大师乔治·西默农笔下的梅格雷探长那样一个人点上一瓶上好的白兰地悠悠闲闲地喝上一个夜晚的去处……

不管是叫咖啡馆还是叫小酒馆，作家们常常对这种场所赞誉有加，称之为灵感的源泉。法国作家乔里-卡尔·于斯曼甚至专门为它写了一本书，题为《咖啡馆的常客》（*Les Habitués de café*），在这本书中，他论证了经常去小酒馆的必要性（！）：“有许多酒水饮料拥有这样一种特点，那就是当你把它拿到除咖啡馆以外的地方去喝的话，它们就会丧失本来的味道、趣致、个性。不管是在朋友家，还是在自己家，它们的味道都会变得怪怪的，变得粗涩，乃至难以下咽。”

1871年巴黎公社时期，咖啡馆被道貌岸然的人们指责为道德堕落的场所，在首都地区几乎遭到禁止，只有作家和艺术家们依然敢去亲近它们。其中有几家如今依然颇有声望，比如蒙马特高地的机灵兔咖啡馆（Lapin Agile），是画家毕加索和众多诗人如阿波利奈尔（Guillaume Apollinaire）、勒韦迪（Pierre Reverdy）、卡尔科（Francis Carco）、奥尔朗等人常常光顾和聚会之所。瓦万路的弗勒吕斯咖啡馆（Café Fleurus）则是诗人魏尔伦（Paul Verlaine）和戈贝常来常往之处。而自称巴黎第一家咖啡馆的老字号普洛科普（Le Procope）的顾客名单中，不乏鼎鼎有名的大人物：达朗贝尔（Jean le Rond D' Alembert）、伏尔泰、克莱比永（Prosper Joylet de Crébillon）、卢梭，还有狄德罗。这家荣耀的咖啡馆在十九世纪末遭遇了一次危机，差点要关门大吉。万幸的是，今天的我们仍然能够相聚在伏尔泰曾经就餐的餐桌旁……

离它不远的花神咖啡馆（Café de Flore）从1930年代德国占领时期开始，便成为作家们的避风港，呵护着他们的写作：“在花神咖啡馆，你不会感到寒冷，在电灯熄灭时还有乙炔灯散发着一点点光明。那时，我们养成了一个习惯，就是一有空闲就到那里去待着……那里有家的感觉，很安全。特别是冬天，我总是在它一大早开门的时候赶去，占住锅炉管道旁边最好的座位，那是最暖和的一个位置……”西蒙娜·德·波伏瓦在自传《岁月的力量》中写道。

第二次世界大战之后，小酒馆成了巴黎一道独特的风景线，成了电影、文学乃至建筑上的一个符号：坐落于首都第十五区的“柜台”（Comptoir），就是从前叫作“空气”（L' Aviatic）的那家小酒馆，不是已经跻身于法国文化遗产行列了吗?

如今，小酒馆以及它的简餐和酒水是不是面临着消失的危机？2010年1月，法国参议院举行了一场题为“救救我们的小酒馆”的研讨会，会议似乎表达了这样一种担忧。连美国的《华尔街日报》都用这样的标题表示了忧虑：《法国咖啡馆正在输掉与现代生活的战役》。诚然，魏尔伦不可能再到小酒馆去调苦艾酒，电脑屏幕也取代了从前作家使用的白纸。然而，在寒冷的冬天窝在小酒馆里、在温暖的日子坐在露天座上写作，依然是那些文坛新手的梦想。漫步在首都的街巷，闲坐于酒家的吧台，就不难看到：小酒馆的前程其实是一片光明!

我们在蒙马特玩了一个晚上。那里有一些非常可爱的小伙子，但我们还是毫不犹豫地把他们给甩了。他们还请我们到罗什舒阿尔大街的一家小馆子里吃了一份碗色拉呢。（也许您不知道碗色拉是什么东西？我们下次再向您解释。）这让我们挺开心的。可是时间不早了呀，您说是不是？何况我们又没有自己的宝马香车，所以只好爬上了从星形广场开往拉维列特公园的电车，要了一张换乘票。

阿方斯·阿莱（法国）
《二加二等于五》（*Deux et deux font cinq*, 1895）

罗什舒阿尔碗色拉

谁说理科生缺乏幽默感？阿方斯·阿莱（Alphonse Allais, 1854~1905）就不缺。他既是一位名副其实的发明家，又是一位大名鼎鼎的小说家，他对巴黎小世界的刻画鞭辟入里。

供6人享用
食材准备用时：前一天5分钟，当天30分钟
烹制用时：20分钟

200克扁豆
2只红洋葱
4片鲱脊
150毫升葵花籽油
1汤匙苹果醋
1咖啡匙芥末
1只柠檬
1咖啡匙粗盐
盐、胡椒

1. 前一天晚上，将油倒进空盘子里，撒入胡椒，将鲱脊浸在里面至第二天。覆上食用保鲜膜或者盖上盖子，置于阴凉处。
2. 烹饪当天，将2升水煮沸，撒入粗盐，倒入扁豆。用漏勺撇去水面的浮沫。小火煮20分钟。将洋葱剥皮、切片。
3. 将鲱脊快速沥干，保留沥出的汁液备用。将鱼肉切片，去除鱼刺。挤出柠檬汁滴在鲱鱼肉上。
4. 取3汤匙沥出的汁液倒入色拉盘中，加入醋、芥末、盐和胡椒，用力地搅拌。然后将做好的醋汁的一半倒入另外一只碗中。
5. 将洋葱片和鲱脊片加入色拉盘中，轻轻地搅拌。
6. 扁豆煮好后，轻轻地将其沥干，注意不要压碎。然后静置到完全冷却（或待其温度降至温热）。
7. 最后上桌前再将扁豆装入色拉盘中，将之前剩余的那一半醋汁倒入，轻轻地搅拌。

ON LES TUE

菠菜馅挞

左拉（Émile Zola，1840~1902）的传奇式小说《巴黎的肚子》中，在海外殖民地服刑的弗洛朗逃回了巴黎，在中央市场里开始了自己的新生。眼前的景象超乎他的想像：那是一个美食遍地而又残酷无情的世界。

供 6 人享用
食材准备用时：
前一天 40 分钟
烹制用时：
前一天 45 分钟

1.5 公斤菠菜
3 只马铃薯
2 只白洋葱
100 克黄油，另加胡桃大小的一块黄油用来涂抹模子
500 毫升牛奶
3 只鸡蛋
2 汤匙面粉
1 咖啡匙肉豆蔻粉
盐、胡椒

1. 将洋葱去皮，切碎；将榛子大小的一块黄油放入锅中加热，将切碎的洋葱倒入，以文火煎炒十余分钟。
2. 将马铃薯去皮，切成约 1 厘米厚的片状，蒸或以很少的水煮 15 分钟。
3. 与此同时，将 250 毫升水和一半黄油倒入一个大平底锅内加热，将菠菜洗净放入平底锅中煮 10 分钟。撒入盐、胡椒，加入肉豆蔻粉并搅拌。
4. 另用一个平底锅将余下的黄油熔化，加入面粉，再一边搅拌一边倒入牛奶。这样就能得到一种像奶油一般有些黏稠的调味汁。加入盐和胡椒。
5. 取出煮好的菠菜，放入滤器中挤压沥干，然后切好置于钵中。浇上白色调味汁，逐一将鸡蛋打入并搅拌均匀，倒入切碎的洋葱。将马铃薯沥干。
6. 将烤箱预热至 180℃。取一个糕点烤盘或大小合适的长烤盘，在盘底抹上黄油，然后将混有菠菜的面汁和马铃薯片均匀地置于烤盘上。最上面，请摆放一片小马铃薯。
7. 将烤盘放入烤箱，烤制 45 分钟。馅挞熟后，静置冷却至常温，然后置入冰箱冷藏至第二天食用。

弗洛朗在蒙德都街街角左边倒数第二幢房屋的对面停下了脚步。三层楼的房屋正在沉睡着,每一层都有两扇没有百叶的窗户,玻璃后面的白色小窗帘拉得严严实实;在上面,在山墙上那扇狭窄的窗户的窗帘上方,有一盏灯的光晃来晃去。而挡雨披檐下的小店却似乎勾起了他一丝奇特的感觉。它开着。那是一家熟食店;店内,有几只大盆泛着光泽;柜台上摆着一些菠菜馅挞和菊苣馅挞,装在几只陶钵里,圆圆的,层层叠叠,最后堆成一个尖顶,后面插着几把小勺子,只能看到它们白色的金属手柄。

埃米尔·左拉(法国)

《巴黎的肚子》(*Le Ventre de Paris*,1873)

老板除了三件宝贝，就没别的卖了。第一件是他的安茹小酒，那东西味道真美，我敢说他一定是从安茹直接进的货。有的时候，他还会向客人推荐一些热乎乎的美味小香肠。不过，他最大的宝贝，令当地的司机师傅们赞不绝口的宝贝，当属大盆饼。我说的大盆，也就是脸盆。你知道，就是我们用来洗手或洗脸的搪瓷脸盆。这位老兄用肉饼把它们装得满满的，然后把它们端上桌摆在客人面前，让他们直接切着吃。

布莱兹·桑德拉尔（瑞士）
《艺术与演出》（*Arts et spectacles*，1956年3月刊）

布莱兹·桑德拉尔的大盆肉饼

他是冒险家，也是养蜂人，还是外籍军团的英雄。《西伯利亚大铁路和法国小让娜的散文》（*La prose du Transsibérien et de la Petite Jehanne de France*）的作者，著名作家布莱兹·桑德拉尔（Blaise Cendrars，1887~1961）简直无所不能。他热爱巴黎，经常向《艺术与演出》杂志的读者们推荐他在法国首都最喜爱的去处。

一盆，约为1公斤
食材准备用时：
提前3天，40分钟
烹制用时：
提前3天，1小时45分钟

500克猪里脊肉
500克小牛肝
500克小牛柳
300克猪膘
2根大葱
2只洋葱
5根细叶芹
5根香菜
1咖啡匙多香果粉
2片月桂叶
100毫升干邑白兰地
2张肥肉薄片
盐、胡椒

1. **将烤炉预热至200℃。将大葱与洋葱去皮，与细叶芹和香菜一起放入搅拌器搅拌，加入多香果粉。装入碗中备用。**
2. **切肉，先将猪里脊肉和小牛肝细细剁碎，再将小牛柳和猪膘粗切成肉块。将这些肉料倒入一个大色拉盆中，搅拌、揉捏；加入之前备好的调料和干邑白兰地，撒上盐和胡椒，继续揉。**
3. **将揉好的肉团全部放进一只大小合适的钵中，放上月桂叶，用肥肉薄片交叠包好。将烤炉温度降至160℃，烘烤1小时45分钟。烤制结束时，肉饼应该是与钵壁脱离的，包裹它的肥肉应该会因高温而流油冒泡。**
4. **将钵从炉中取出，在上面放一个稍小一些的盘子，盘子上放上重物，以便在肉饼冷却的同时将其压得更加紧实。待冷却后，将其置于冰箱中冷藏3天，方可享用。**

饱尝“单身之苦”的蜗牛

“心理小说之父”保罗·布尔热（Paul Bourget，1852~1935）既不相信爱情，也不相信忠诚。他特地在巴黎街头进行了一场别出心裁的采访，调查女性对这一问题的看法。这一调查全景而生动地展现了一幅女性众生像，其中也不乏吃货。

供 6 人享用
食材准备用时：
40 分钟
烹制用时：
1 小时 15 分钟

4 打小灰蜗牛
100 克黄油
50 克面粉
500 毫升白葡萄酒
1 根韭菜
3 根大葱
3 只洋葱
2 瓣大蒜
1 根芹菜
5 枚丁香花蕾
40 克香菜
1 个炖汤用的香料包
盐、胡椒

1. 如果您崇尚传统方法，非要使用自己在花园里捡拾的蜗牛，切记将它们装进透气的盒子里禁食至少一个星期。之后，将它们放进添加了盐和醋的水中清洗，再把它们扔到沸水中煮 5 分钟。把蜗牛肉从壳中挖出，用小刀剔去肠子。这样，蜗牛就准备就绪，可以进行烹制了。
   如果不想这么麻烦，那就直接购买已经处理好的罐装或冷冻蜗牛。
2. 制作汤底：将芹菜和韭菜漂洗干净，将 2 只洋葱、大葱和大蒜瓣去皮，切片。将最后一只洋葱剥好皮，嵌入丁香花蕾。
3. 把一半黄油放入一口汤锅里熔化，加入大蒜和大葱。倒入蜗牛肉，以很小的火烧十几分钟，然后加入洋葱、芹菜和白葡萄酒。加入 500 毫升水、香料包、嵌丁香花蕾的洋葱，撒上盐和胡椒。用很小的火煮烧 1 个小时左右。
4. 在此期间，用一个平底锅将剩余的黄油熔化，加入面粉，大力搅拌。取 500 毫升蜗牛汤，慢慢倒入平底锅，同时持续搅拌，以制作出一种白色的汤汁。
5. 蜗牛肉煮好后，如果您愿意，可以把它们重新装回它们的壳中。滤去汤水，收回蔬菜汤料，将它们加入白色汤汁中。
6. 在蜗牛肉上撒上切碎的香菜，就可以端上桌了。当然，您可以把白色汤汁直接浇于其上，也可以把它当成佐料。

Brouet georgé
iqueurs
Produits frais
Produits frais 
du jour

她停下脚步来回答我们的问题,她靠在墙上,从口袋里取出一只纸袋,又从纸袋中拿出一块猪排和一些腌小黄瓜,就这样吃起午饭来,依然微笑着,金色的头发在阳光下泛着如同金色丝缎一般的光泽,俊俏的脸庞上挂着些许憔悴和放浪。她告诉我们她就在不远的瓦诺街上的一家作坊上班。因为她有半个小时的闲暇,于是我们就把她带到了荣军院大道上一家咖啡馆去聊天。我们的一些在教育部工作的同行以前常到那里吃饭。我特意让她看了这家店的招牌:单身之苦。欧也妮要了一些蜗牛和白葡萄酒,就开始了她的回忆……

保罗·布尔热(法国)

《现代爱情心理》(*Physiologie de l'amour moderne*,1889)

他顺着竖琴街向老城走去。经过小号角街时，只见那些令人心动不已的烤肉叉不停地转动着，散发出扑鼻的香气，撩拨着他的嗅觉，于是他向那家庞大的烧烤店爱慕地看了一眼。正是这家烧烤店，曾经令方济各会的修士卡拉塔吉罗纳由衷地发出一句感人的赞叹：不错，这家烧烤店真不错！

维克多·雨果（Victor Hugo，1802~1885，法国）
《巴黎圣母院》（*Notre-Dame de Paris*，1831）

蜜烤猪腿

艾丝美拉达、卡西莫多、巴黎圣母院，这些文学人物和场景都是巴黎文学殿堂里的永恒经典！不过，正当这几位被爱恨情仇折腾得死去活来之际，圣母院神父克罗德·弗罗洛的小弟弟约翰却有着更为实在的追求。对他来说，街边的那几家烤肉馆比红粉佳人有魅力多了。

供 6 人享用
食材准备用时：20 分钟
烹制用时：1 小时 30 分钟

1 只约 2 公斤重的火腿
150 克蜂蜜
6 只马铃薯
3 只洋葱
10 汤匙葵花籽油
5 汤匙芥末
2 枝百里香
2 枝迷迭香
盐、胡椒

1. **先加工火腿：除去一部分包裹着火腿的肥膘，只留下薄薄的一层。将蜂蜜、5 汤匙油和芥末倒进碗里，将百里香和迷迭香搓碎加入碗中搅拌。**
2. **将这样备好的酱汁均匀地涂刷在火腿表面。**
3. **洋葱和马铃薯去皮。虽然在《巴黎圣母院》中描绘的时代，马铃薯尚未传入法国，不过这无关紧要。将洋葱细细地切成薄片，马铃薯切成块，把它们统统倒进钵中，加入 5 汤匙油，搅拌。撒上盐和胡椒。**
4. **如果您有专业的烤炉，那就用烤肉叉将火腿串起，放入烤炉烘烤 1 小时 30 分钟。在烘烤到 45 分钟之时，把配菜放到滴油盘里，让火腿烘烤出的肉汁淋在上面。如果您是用一般的家用炉进行烘烤，那就把蜜汁火腿和配菜分别装在两个盘子里，然后在烘烤到一半时，取烤出的肉汁浇在配菜上。**

这条街上全是圆白菜……与之平行的铁匠街上同样堆满了白菜，相邻的圣运教堂回廊上也是堆积如山。除了白菜，还有胡萝卜和白萝卜。

“要不要来点羽叶甘蓝、米兰甘蓝和圆白菜，我的小宝贝儿？”一个女菜贩对我们叫道。

穿过广场时，我们看到了一些巨大的笋瓜。我们买了些红肠和香肠，还有五分钱一杯的咖啡——就在皮埃尔·莱斯柯和让·古戎设计修建的那座喷泉脚下，又搭起了一些露天的夜宵摊……

杰拉尔·德·奈瓦尔（法国）
《十月的夜》（*Les Nuits d'Octobre*, 1861）

蒜烧圆白菜砂锅

在最著名的法国浪漫主义诗人之一，杰拉尔·德·奈瓦尔（Gérard de Nerval，1808~1855）的《十月的夜》中，充斥着对无辜者集市、夜色下的中央市场、撩人心怀的佳人丽影和惹人垂涎的各式美味的描绘。这位向来有些阴郁的诗人在这里却吐露着他对美食的愉悦感受。

供 6 人享用
食材准备用时：15 分钟
烹制用时：40 分钟

1/2 个羽叶甘蓝
1/2 个圆白菜
3 头宝塔花菜
2 根胡萝卜
1 片 200 克左右的熏胸肉
50 克黄油
2 瓣大蒜
20 克香菜
胡椒

1. **把圆白菜、甘蓝和花菜洗净处理后，切成约 1 厘米宽的片状。将黄油放进一个厚底汤锅中熔化，倒入圆白菜，轻轻搅动。以中火加热十余分钟，不时拌炒。撒上胡椒。**
2. **将胡萝卜洗净，去皮，切成小方块状。大蒜剥皮，和香菜一起切碎，将这些香料和胡萝卜一起倒进钵中搅拌。然后将它们都倒入汤锅中，轻轻搅拌。**
3. **将熏胸肉切成肉丁，加入汤锅中拌烧。加盖，关小火力，以文火烧 30 分钟，期间偶尔开盖搅拌一下。**

请配合烤猪肉、烤菲力牛排或烤禽肉一起食用。

炖羊肉

“漂亮朋友”乔治·杜华让自己的情人决定晚餐吃什么。他失算了：一心只想往上流社会爬的他没有料到，那年轻女子偏爱的却是下里巴人的饮食。

供6人享用
食材准备用时：45分钟
烹制用时：1小时45分钟

1.5公斤羊肉（羊的颈肉、胸肉或肩肉）
100克黄油
150克熏胸肉
12个新鲜马铃薯
6根新鲜胡萝卜
6根白萝卜
2只黄洋葱
1打新鲜小洋葱
1瓣大蒜
1个炖汤香料包
250毫升白葡萄酒
1汤匙面粉
1咖啡匙糖
1汤匙淀粉或木薯粉
盐、胡椒

1. 把肉切成大块。将熏胸肉切片。在汤锅内放50克黄油熔化，将熏肉片放入，以小火烧。
2. 将黄洋葱和大蒜瓣去皮，尽量切细，放入汤锅中。放入羊肉块，以中火翻炒十余分钟，炒至肉色金黄。撒上盐、胡椒和面粉，搅拌均匀。
3. 将白葡萄酒倒入，加水，水量须漫过肉块，放入香料包。煮沸，不时以漏勺撇去浮沫。转小火，使其保持这种轻微沸腾的状态再煮1个小时。
4. 在此期间，加工蔬菜：将胡萝卜、白萝卜和马铃薯去皮，都切成块状。将新鲜洋葱去皮。另用一只锅，将剩余的黄油熔化，加入洋葱，撒上糖，以文火烧15分钟，期间要时常搅拌。
5. 1小时过后，用漏勺从汤锅中将肉块捞出，并将汤水滤清。把肉块重新放入汤锅中，加入所有的蔬菜配料和滤清的汤水，以文火煮30分钟。
6. 端上桌前，先将蔬菜和肉块从汤锅中捞出，向汤水中加入淀粉或木薯粉，用力搅拌至轻微沸腾，以使汤水变得更加浓厚。

他们沿着大街溜达，最后进了一家小酒馆，酒馆里单辟了一间厅堂供客人用餐。她透过玻璃窗看到两个头上没有任何装饰的女郎，正陪坐在两位军人对面。在这间狭长的厅堂深处，坐着三个出租马车车夫。还有一个人，很难看出以何为业。只见他两腿伸开，两只手插在裤腰下，整个身子几乎躺在椅子上，头向后仰靠着椅背，正在那里悠闲地抽着烟斗……德马莱尔夫人低声说道："不错！我们在这儿一定会非常自在。下回来，我一定要穿得像个工人。"他们要了一盘炖羊肉，一块烤羊腿和一盘色拉。克洛蒂尔德赞不绝口："哈哈，我太喜欢这些了。我的胃口和下等人一样。在这里比在英国咖啡馆舒服多了。"

居伊·德·莫泊桑（Guy de Maupassant，1850~1893，法国）
《漂亮朋友》（*Bel-Ami*，1885）

xxxxxxxxxxxxxxxxxxxxxxxxxx

圣马塞尔剧团是一片集中展现人类贫穷的地狱。那里的演员们平时总是用颜料把双脚涂黑,让人以为自己穿了鞋子,只有在演出开始之际才会在舞台入口处穿上鞋子。

剧团老板是在剧院对面的一家小酒馆给演员们开伙的;早上,他们吃的是炖小熏肉;晚上是汤、牛肉和一块奶酪。当然,对演员们的处罚也是由此实现的,因为圣马塞尔剧团的人们从来没见过钱为何物,罚款自然无从谈起。小的惩罚是取消晚餐的奶酪,中等惩罚是取消牛肉,而大的惩罚就是取消吃晚饭的资格。

xxxxxxxxxxxxxxxxxxxxxxxxxx

泰奥多尔·德·庞维勒(法国)
《巴黎的巴黎女人》(*Les Parisiennes de Paris*,1866)

炖小熏肉

如今已被人遗忘的法国诗人泰奥多尔·德·庞维勒(Théodore de Banville,1823~1891)曾经是巴黎文化界一位非常重要的人物,是他发现了兰波(Arthur Rimbaud)的才华。他也是一位著名的文学评论家,喜欢以刻薄的眼光去审视同时代的人们的毛病,还向公众披露了当时街头剧团演员们悲惨的生存状况。

供 4 人享用
食材准备用时:前一天 5 分钟,当天 35 分钟
烹制用时:2 小时

800 克腌猪肉(或者还可以用脊骨肉、大排肉或肩胛肉)
50 克黄油
600 克绿扁豆或黄扁豆
2 根胡萝卜
2 只洋葱
1 根韭菜
1 个炖汤香料包
胡椒

1. **前一天,把肉泡在装满冷水的色拉盆中,加盖,使水稀释肉中的盐分,直至第二天。**
2. **当天,洗净韭菜,将洋葱和胡萝卜去皮,切好。将黄油放在一口大汤锅里熔化,加入加工好的蔬菜配料,翻炒十余分钟。撒上胡椒。**
3. **将肉、香料包加入锅中翻炒,然后加水浸没食材,以小火焖炖 1 小时 30 分钟。之后,取出香料包,倒入扁豆,轻轻搅拌,再接着焖炖 30 分钟。**

巴黎人说这是自己的传统特色菜,但是里尔人,甚至法国南部的阿尔代什人也这么说!看来,这是一道通行天下的菜肴……

晚饭时间到了,当时我正在和平咖啡馆和人见面——有个人就想邀请我共进晚餐。于是,在七点钟,我们坐出租车先到了众议院,弗雷德要到那里办点事,后来又到了蒙马特,女修道院街的花儿饭店。那真是个好地方!在那儿,我有生以来第一遭看到了那么多漂亮的法国女子。他说那里不贵,我以为他的意思是要各自付账。结果他就径自开始点菜了。他还问我喜不喜欢吃。当然!我们吃了龙虾、牡蛎、鸽子,还有一些我从未见过的甜点,喝了一些品质非凡的葡萄酒,口感非常细腻,还喝了查特酒和咖啡,等等等等。

亨利·米勒(美国)
《致阿娜伊丝·宁的信》(1934年12月14日)

亨利·米勒的酿鸽子

要是美国作家亨利·米勒(Henry Miller,1891~1980)不是对法国怀有无限的热爱,不是和美丽的拉丁裔美国作家阿娜伊丝·宁(Anaïs Nin,1903~1977)在巴黎共同演绎了那一段不凡的爱情,毫无疑问世界文坛一定会是另一个模样。充满诡魅味道的《南回归线》(*Tropic of Capricorn*)的这位作者不仅爱恋法国的首都,同样也爱恋巴黎的美食。

供4人享用
食材准备用时:30分钟
烹制用时:40分钟

4只鸽子(带肝脏)
100克熏火腿
50克猪膘
4块甜脆饼干或50克老面包
250毫升干白葡萄酒
3根大葱
1根芹菜
1瓣大蒜
20克香菜
胡椒

1. **请肉铺师傅加工好鸽子,清空内脏,只保留肝脏。加工馅料:熏火腿和猪膘切成薄片,捏碎甜脆饼干或老面包,大蒜去皮剁碎,香菜和鸽子肝切碎。将它们统统混合均匀,加入鸡蛋,搅拌。撒上胡椒。**
2. **将馅料填入鸽子体内,将开口处缝上,或用食用夹将开口处夹住。**
3. **大葱去皮,芹菜洗净,将它们切好。取一口大汤锅,熔化黄油,倒入大葱和芹菜,放入鸽子,以中火烧十余分钟,其间要经常将它们翻身,直至烧至肉色金黄。这时可以加入白葡萄酒,加盖,把火关小,再焖烧30分钟。**

在食用时,可以配上法国厨师青睐的芦笋马铃薯(一种原产于丹麦的形似芦笋的马铃薯)、蔬菜泥,或像图中所示,配上豌豆。

在纳瓦兰街的狄诺肖酒馆吃晚饭。一道小小的旋转楼梯通向一间木板装饰的厢房,很干净:用的是上漆的橡木,还贴着红色的绒纸。餐桌是用马蹄铁做的。是一顿充满布尔乔亚情调和外省风味的晚餐,有浓汤和白烧肉。共进晚餐的,依然是那些默默无闻的文人们,就他们的年龄来说,他们早该功成名就了,但他们没有。

埃德蒙·德·龚古尔和于勒·德·龚古尔(法国)
《日记》(1856年6月4日)

龚古尔家的白烧肉

谁人不知龚古尔学会总是要在著名的德鲁昂饭店举行一场午餐会后才会颁发它所评选的年度龚古尔文学奖?龚古尔家的于勒(Jules de Goncourt,1830~1870)和埃德蒙(Edmond de Goncourt,1822~1896)弟兄俩创立的这家学会喜欢留连于法国首都的酒馆和饭店。正所谓,美食与美文原本就是文明之树上的连理枝……

供6人享用
食材准备用时:30分钟
烹制用时:1小时30分钟

1公斤牛肉(臀尖、腿肉、肋排)
1根髓骨
50克黄油
50克面粉
1个炖汤香料包
1打小洋葱
盐、胡椒

配菜(可选)
花菜、白萝卜、胡萝卜、四季豆、马铃薯……

1. **牛肉切成块,裹上面粉。取一口大汤锅将黄油熔化,放入牛肉,每一面煎5分钟。撒上胡椒,加水漫过食材,然后放入髓骨和香料束。小火炆煮1小时30分钟。**
2. **炆煮至1小时的时候,将小洋葱去皮,全部放进汤锅。加盐和胡椒。**
3. **在此期间,可以加工配菜:不管您选的是哪些蔬菜,都请将其蒸熟或用铁锅煮熟。您可以在最后将它们加入汤锅之中,也可以另外装盘佐餐。**

食用白烧肉时,请佐以醋渍小黄瓜、老式芥末和一碗浓汤,还可以在浓汤里泡上一片烤面包……那就是绝对纯正的小酒馆风味了!

操刀鬼的杂菜

颤抖吧，读者朋友们，因为《巴黎的秘密》向你们打开了大门！那里的人在殴斗，在用硫酸彼此毁容，在残酷无情地相互厮杀，那里的人吃的是一些极其怪异的菜肴，那可都是彪悍人物专享的食物……

“那么，”奥格雷斯转身向操刀鬼说，“晚饭你想吃什么，坏蛋？”

“六十生丁一升的酒来两升，一盆杂菜和三个新鲜面包，一盆杂菜。”操刀鬼想了想，说道。

“看得出来，你还是那个酒鬼，还是爱吃杂菜。”

欧仁·苏（Eugène Sue，1804~1857，法国）
《巴黎的秘密》（*Les Mystères de Paris*，1843）

供6人享用
食材准备用时：20分钟
烹制用时：30分钟

6只马铃薯
6根白萝卜
1棵韭菜
100克麦片
3片厚厚的巴黎火腿
1片熏胸肉
50克黄油
150克多姆干酪末
1块固体鸡汤料
胡椒

1. **熏胸肉切成薄片。白萝卜和马铃薯去皮，切成不大不小的块状。韭菜洗净，竖切成段。取一口大汤锅将黄油熔化。放入加工好的蔬菜和熏胸肉，煎炒5分钟。撒上胡椒。**
2. **取一只平底锅，倒入两升水烧沸，加入固体汤料，搅拌好。**
3. **将汤倒入烧蔬菜和熏胸肉的汤锅，加入麦片，煮20分钟，直到汤水沸腾。**
4. **煮到10分钟时，将火腿切成粗长条，倒入汤锅中。**

出锅后，将这道菜装入盘中，撒上奶酪末，就可以享用了。据说它具有强身健体之功效。切记它只适合在气温降至零下的冬天食用。

RESTAURANT
VINS
PLAT DU JOUR

布瓦尔忽然说:“对了,我们一起吃晚饭如何?”

“我原有这个想法,”佩居榭说,“但我没敢向您提出来!”

于是,听任布瓦尔把他带到市政厅前面的一家小餐馆,在那里用餐会感到很舒服。

布瓦尔点菜。

佩居榭害怕辛辣调料,因为它们会烧灼身体。这倒成了他们医学讨论的一个话题。他们随即对科学的优越性大加赞扬:有多少东西需要学习,有多少需要研究……要是有时间该多好!

古斯塔夫·福楼拜(法国)
《布瓦尔和佩居榭》(*Bouvard et Pécuchet*,1881)

酱烧鸡

对于一个人来说,什么都想知道、什么都想掌控,可能吗?谁会有这样的能力?反正,居斯塔夫·福楼拜(Gustave Flaubert,1821~1880)笔下的滑稽人物布瓦尔和佩居榭是不行的。他们又笨又可笑,还好他们很贪吃,这倒让他们显得蛮可爱。

供 6 人享用
食材准备用时:30 分钟
烹制用时:1 小时 15 分钟

1 整只鸡切成块
50 克黄油
500 毫升干白葡萄酒
2 只洋葱
50 克腌渍的刺山柑花蕾
3 汤匙苹果醋
2 汤匙芥末
1 汤匙面粉
盐、胡椒

1. 把鸡切成六块。洋葱去皮,细细切碎。
2. 取一口大汤锅,将黄油熔化,放入洋葱,以文火煎炒。当洋葱变成半透明时,加入白葡萄酒和醋,搅拌。
3. 将鸡块放入汤锅中,以旺火烧,其间翻动数次使它们沾满汤汁,烧煮十余分钟直至鸡肉上色。倒入 1 升水,加盐和胡椒。
4. 汤锅上盖,以文火煮 1 小时,其间加入 1~2 杯水。
5. 当鸡块煮好后,用漏勺将它们从汤锅中捞出,放在保温容器中。
6. 将面粉倒入汤锅中,一边炆烧一边搅拌轻微沸腾的汤汁,直到它变得浓稠。然后加入芥末和腌渍刺山柑花蕾,搅拌,直到出锅前都不要再烧沸。

若想使汤色青绿,请将 20 克细叶芹和 20 克龙蒿混合在一起,加入汤汁中。

他饿了。疲劳和步行似乎麻痹了他的烦恼。当他突然看到一家小酒馆和它的玻璃窗后一只在酒水里泡得发涨的瓜时,他甚至感到了快乐。有几排酒瓶,瓶顶上盖着铅盖,瓶身上印着闪闪的星星,排成了一个半圆形,围着两只伤痕累累的架子,架子上有糖果、做冷盘牛肉用的香菜酸醋汁、冻炖白萝卜,还有几只烤得发黑的烤盘,上面摆着几只速制蛋糕,挺立在黄兮兮的污渍中。

乔里 – 卡尔·于斯曼(法国)
《婚姻生活》(*En ménage*, 1881)

速制蛋糕

安德烈离开了自己的妻子,他非常后悔。不,实际上,他所怀念的,是家庭生活的快乐,尤其是每天看到一桌准备好的晚餐时的快乐。于是,他只好徘徊于小酒馆。其实,法国小说家乔里 – 卡尔·于斯曼(Joris-Karl Huysmans, 1848~1907)是一位公认的瞧不起女性的作家,在他的笔下,女性要么是只会做家务的机器,要么是中看不中用的花瓶。

供 6 人享用
食材准备用时:10 分钟
烹制用时:35 分钟

4 只鸡蛋
1 升牛奶
50 克黄油
100 克红糖
50 克面粉
2 汤匙任选利口甜酒

1. 将烤炉预热至 180℃。将鸡蛋打碎,倒入钵中,加入糖。用电动搅拌器搅拌至蓬松发泡。
2. 在继续搅拌的同时,先后加入牛奶、面粉和利口甜酒。
3. 在蛋糕模子里涂上黄油,将搅拌好的备料倒入其中。烘烤 35 分钟,然后出炉,待冷却后从模子中取出。

您可以根据自己的想像为这种速制蛋糕添配香料:杏仁粉、柑橘皮、果酱……

米糕

组织聚餐来讨论有关美食的话题,这样的点子再合适不过了。这正是烹饪大报《美食报》(*Le Gastronome*)在1830至1831年间发出的倡议。这份报纸是由一群餐饮界人士和文学界人士共同主办的,其中包括向来玩世不恭的维克多·雨果。毋庸置疑,他们的聚会一定是既热闹又有味道!

供6人享用
食材准备用时:30分钟
烹制用时:40分钟

200克形状饱满的米
3只鸡蛋
1升牛奶(全脂牛奶为佳)
100克黄油,另加胡桃大小的一块黄油用来涂抹模具
50克糖
1枝香草

1. **将牛奶倒入大平底锅中煮沸。香草纵向剖开,内部刮干净,把剥出的香草种子和香草叶都倒入平底锅中。撒入糖和米,搅拌均匀,将火力降至最小,煮20至25分钟。**
2. **将香草从锅中捞出,加入黄油,细细搅拌。打碎鸡蛋,将蛋黄和蛋白分离,把蛋黄倒入锅中,搅拌均匀。**
3. **将烤炉预热至180℃。将蛋白打成厚实的雪状,然后小心地掺入备料之中。**
4. **在蛋糕模子里涂上大量黄油,然后将备料倒入模子中。入炉烘烤40分钟,直到牛奶米糕色泽金黄。**

热爱美食的人可以就着英式蛋奶糕来品尝这道甜点……

美食万岁!
这才是通行的大道:
课堂上,学院里,
到处都能看到吃货;
热爱生活的人中有吃货,
蠢人中有,学者中也有;
牧师中有吃货;
所有的修道院里都有吃货……
……
不管是面包干,还是马卡龙,
我们统统嚼碎;
向着蘑菇,
向着柠檬奶油,
向着烤肉和色拉,
向着油炸洋蓟,
还有各色果酱
和米糕进军。
前进,朋友们,
一起去品鉴厨师们的手艺。

维克多·德拉克洛瓦(Victor Delacroix,1798~1863,法国画家)《菜单之歌》(*Chanson-Menu*,载于1831年的《美食报》)

“诀窍就是那个卖水果的，”我朋友答道，“是他使你得出结论，认为那个修鞋匠个子太矮，不配演波斯王薛西斯和诸如此类的角色。”

“卖水果的！你可真让我吃惊！我并不认识什么卖水果的。”

“就是我们走上这条街时与你相撞的那个人，这大约是十五分钟之前的事。”

这下我记起来了，刚才我俩从C街拐上这条大街时，的确有个头上顶着一大筐苹果的水果贩子冷不防地差点儿把我撞倒。

埃德加·爱伦·坡（Edgar Allan Poe，1809~1849，美国）
《莫格街凶杀案》（*The Murders in the Rue Morgue*，1841）

莫格街的苹果馅饼

是谁在一间反锁的屋子里杀害了莱斯帕奈太太和她的女儿卡米尔·莱斯帕奈小姐？这是摆在侦探杜宾面前的一个待解之谜。杜宾生活在梦幻的巴黎，堪称柯南·道尔的夏洛克·福尔摩斯、阿加莎·克里斯蒂的赫尔克里·波洛以及乔治·西默农的梅格雷探长的老前辈。

供6人享用
食材准备用时：30分钟
烹制用时：30分钟

1公斤苹果
200克面粉
100克黄油，另加核桃大小的一块黄油用来涂抹模具
1只鸡蛋
150克糖
5汤匙苹果酱

1. 用一只小平底锅将100克黄油熔化。将面粉倒入一只钵中，加入熔化了的黄油、鸡蛋以及150毫升水，将它们揉成球状面团。
2. 将烤炉预热至210℃。在馅饼模子上涂好黄油。用擀面杖或手将面团擀成面饼，铺在模子上。将一半糖撒在面饼上。
3. 苹果削皮，每个都切成四块，去芯，将每一块都切成大小均匀的条状。将切好的苹果条放在面饼上，压实。然后用汤匙将苹果酱涂抹在上面，撒上剩余的糖。
4. 入炉烘烤30分钟后，便可享用。趁热或置凉食用均可。

才下午四点，各家当铺、旧货店和旧书店早已被嘈杂的人群塞得满满当当，到了傍晚这些人就转而涌向肉店、烧烤店和食杂店。他们在面包店里排起长队，仿佛饥荒的年景。各家酒肆把积压多年的酒水都拿出来售卖，而太子妃街那家著名的波莱尔酒馆卖出的火腿和香肠更是难以计数。光是这一个夜晚，克雷代纳老爹的小面包店就烘烤了十八炉黄油蛋糕，统统销售一空。

亨利·穆杰（法国）
《波希米亚人的生活场景》（*Scènes de la vie de bohème*，1850）

酒徒的黄油蛋糕

啊，"波希米亚人的生活"！从来不用为明日操心……这便是1850年代漂荡在巴黎拉丁区的酒徒们的每一天。法国作家亨利·穆杰（Henri Murger，1822~1861）就这个题材写了一本备受推崇的小说，著名的意大利作曲家普契尼则以此为题创作了那部著名的歌剧《波希米亚人》（*La bohème*，又译作《艺术家的生涯》），而波希米亚因此变成了一种风靡的生活方式。

供8人享用
食材准备用时：前一天10分钟，当天30分钟
烹制用时：55分钟

400克面粉
200克黄油，另加胡桃大小的一块用来涂抹模具
4只鸡蛋黄
150毫升多脂奶油
50克糖
1枝香草
1块酵母

1. **前一天，先发面和准备香草糖。在钵中装上150毫升温水，投入酵母块。待酵母块溶解后再行搅拌，然后加入250克面粉和2汤匙奶油。用叉子搅拌好，盖上布，静置至次日。剖开香草，将其种子掺入糖中。放入密封容器，存至次日。**
2. **第二天，面团的大小应该已经发至原先的两倍。另取一只钵子，倒入糖和剩余的面粉。将100克黄油熔化，倒入钵中，加入蛋黄，用叉子搅拌均匀。加上剩余的奶油，然后将发好的面团掺进去。**
3. **将烤炉预热至220℃。取一只较深的模子，涂好黄油，将面团倒进去，入炉烘烤45分钟。烘烤至半程时，将炉温降至180℃。**
4. **烤好的蛋糕出炉，从当中横切成两半，将剩余的黄油抹在下一半的上面。把两半重新拼在一起，再一次放入烤炉烘烤十余分钟。之后便可享用，趁热食用风味尤佳……**

拉伯心想:“要是我还能在这儿生活,安安心心地住在这里很多年,我就会在这张桌子上方装个小架子,用来摆放书籍。要是奈丽现在醒过来离开,我就可以待在床上直到中午再起来。付完了房钱,我就剩两法郎多一点儿了,够到勒比克街街角的饭店里去喝上一夸脱酒、要半份面包和一份甜点。可要是奈丽不肯走……那会怎么样?那么我就得傻不拉叽地和她分享我的这点儿钱了。”

皮埃尔·马克·奥尔朗(法国)
《雾满码头》(*Le Quai des brumes*, 1927)

焦糖布丁

在顾盼生辉的美国影星米歇尔·摩根和演技高超的法国影星让·迦本等影星的倾情演绎下,巴黎波希米亚传奇作家皮埃尔·马克·奥尔朗(Pierre Mac Orlan, 1882~1970)的这部小说已经成为了蒙马特高地美丽传说的一部分。那时的蒙马特高地还是一片荒凉的野岭,每当夜幕降临大雾升起之际,就有一个神秘的罪犯在那里出没,播撒着恐怖的种子。

制作 6 杯
食材准备用时:
前一天 20 分钟
烹制用时:前一天 15 分钟

4 只鸡蛋的蛋黄
500 毫升牛奶
十余块方糖
150 克砂糖

1. 前一天,将方糖放在一只厚平底锅中,倒上半杯水(70~80 毫升)。用文火煮,煮至糖液变色时就立即关火。
2. 将煮沸的牛奶浇在焦糖上。
3. 将鸡蛋黄放在钵中,加入砂糖搅拌。慢慢浇上煮沸的牛奶。将它们全部倒入平底锅中,开小火煮。同时,用木勺搅拌直至混合液体开始变得有些浓稠。
4. 立即关火,将其倒入 6 只布丁杯中。静置冷却后,将布丁杯放入冰箱中冷藏至次日。

巴黎神秘的啤酒餐厅依然铺陈着“美好年代”（Belle Époque，指“一战”前法国的和平繁荣时期）的浮华装饰。于1900年万国博览会期间开张的“里昂火车站餐厅”在1963年为了纪念著名的巴黎与意大利文帝米利亚间的列车而更名成了“蓝色列车”餐厅（上图及右页图）。在那里，法国剧作家埃德蒙·罗斯唐（Edmond Rostand）和女演员莎拉·伯恩哈特的肖像静静地注视着来来往往的客人们，而诗人让·科克托、小说家科莱特、编剧马塞尔·帕尼奥尔（Marcel Pagnol）都曾是那里的常客……

而1880年列奥纳尔·利普创建的利普啤酒餐厅亦见证了许多文坛精英的风采：安德烈·纪德（André Gide）、阿尔贝·加缪（Albert Camus），当然，还少不了海明威！

第 二 章

咖啡馆、餐馆和啤酒餐厅

在十九世纪，比小酒馆更雅、比酒肆更“潮”的咖啡馆成为了高品质巴黎美食的象征。“去里奇咖啡馆（Café Riche）吃饭要有胆，去阿尔蒂咖啡馆（Café Hardy）吃饭要有钱”的说法在坊间流传。贵妇名媛们常常坐在泰布街边的柳条椅上，吩咐自己的仆从到相邻的饭店买来些零食，更有甚者还会叫人到意大利人托尔多尼的咖啡馆去买意式什锦冰淇淋……厨师成了大明星：“还有谁能比里奇咖啡馆的比尼翁更懂得美酒的分级，更擅长对未来葡萄收成的预测？”1866年，出身上流社会的花花公子、美食专栏作家内斯托·罗克普朗（Nestor Roqueplan）在《立宪日报》（*Le Constitutionnel*）上这样写道，随即他又补充，“全世界只有法国厨师是有文化的。其他民族都有各自的饮食，但只有法国人才懂得厨艺。”言语间透露出一股掩饰不住的沙文主义！

以爱发牢骚著称的龚古尔兄弟当然不会忘记对餐饮业者的生活排场进行一番评头论足：“巴黎的英国咖啡馆（Le Café Anglais）每年售出约八万法郎的雪茄。那里的厨师的薪水高达两万五千法郎。店主有自己的土地。他有马有车，他是市议会的议员。这便是我们伟大而荒诞的巴黎。”1863年1月11日，他们在《日记》中写道。

任何一位文坛男女，任何一个略有知名度的艺术家都觉得有必要经常到这些时尚场合去露露脸：诗人阿尔弗雷·德·缪塞喜欢在巴黎咖啡馆（Café de Paris）举办晚宴庆祝自己的文学成就；诗人泰奥菲尔·戈蒂耶经常到那里去听人们讲飞短流长，并且把这些消息写进文章刊载在《两个世界月刊》（*Revue des Deux mondes*）中；杰拉尔·德·奈瓦尔常常会到阿尔蒂咖啡馆吃午餐，然后在夜幕降临时回到中央市场去徘徊。因为囊中羞涩，他总是想方设法让别人邀请自己：在巴黎，有许多有钱人喜欢和这些文艺界的人士交往，还有不少餐馆老板也乐意接受像莫里斯·郁特里罗（Maurice Utrillo）、梵高或毕加索这样没钱付账的客人用自己的画作抵偿饭费！

文学晚餐会风行一时：比如到马尼咖啡馆（Magny，位于护墙－太子妃街，即现在的马柴街）去和乔治·桑、福楼拜以及龚古尔兄弟一起吃晚餐；再比如比克肖咖啡馆（Bixio）的晚餐会，如果想和小说家大仲马、梅里美（Prosper Mérimée）、画家德拉克洛瓦同堂就餐，就必须事先通过豆子投票（用红色和白色两种颜色的豆子进行投票，只有得到的豆子都是白色的方为通过）才能获得机会。

在“卑劣的家伙”（这是创立于1869年的一个文学家团体，为自己的团体取这样一个名字，是因为他们都欣赏弗朗索瓦·戈贝创作的一出戏剧，而当时的一份报纸抨击这出戏剧的演出是“一场卑劣的家伙的大聚会”）的晚餐上，人们可以和诗人保罗·魏尔伦和庞维勒不期而遇……

许多咖啡馆到了夜间甚至就变成了一些文坛人士的领地：比如位于马里沃街与意大利人大道拐角处的英国咖啡馆一度成为了巴尔扎克的据点，他的《人间喜剧》中有许多情节就发生在那里：“拉斯蒂涅克抓着吕西安，带到泰布街上他的家里去，离出事的根特大道只有几

步路。幸而那是吃晚饭的时间，没有人围拢来看热闹。德·玛赛跑来找吕西安，和拉斯蒂涅克两人硬把他拉往英国咖啡馆去快快活活地吃饭，临了三个人都喝醉了。”（出自小说《幻灭》）

十九世纪末，许多大的咖啡馆纷纷关门歇业，与此同时，另一种类型的餐饮机构却给经济拮据的作家们带来了福音。这便是“汤馆”，它们装潢考究，供应简单的菜式。法国旅行作家阿道尔夫·乔安纳（Adolphe Joanne）在其1875年出版的《图说巴黎》（*Paris illustré*）中就提到过这些“名副其实的饭店，在那里，只要花4.5法郎，就能吃上一顿非常简单而卫生的饭菜，除了一份羹汤以外，还有一些烤肉或煮肉、鱼、蔬菜、甜点等。其中最有名的，当属屠户杜瓦尔先生创办经营的那儿家”。

汤馆对于许多文人来说，可以使他们既不失颜面，又能吃得便宜。作家儒勒·雷纳尔在其日记中谈到现代科幻小说之父——老罗斯尼（J.–H. Rosny aîné）时就曾写道：“他邀请我吃午饭，对我说：‘咱们去杜瓦尔汤馆吧？我也可以假客气地问您要不要去杜朗餐馆，但我没必要骗您。您是不会上当的。’”

啤酒餐厅总是装修得金碧辉煌，有些人甚至觉得它们过于富丽堂皇了。在那里，既可以享用套餐，也可以自由点餐。每到星期天，它们就要接待许多举家光顾的客人。在十九世纪，它们受到了作家们的鄙夷：太俗气了！然而到了二十世纪，这种美食等级就发生了颠覆，艺术家们常常出没于巴黎左岸的蒙帕纳斯区和拉丁区：“我们在穹顶餐厅（Dôme）建立了根据地。不去学校的早晨，我就会到那里去吃早餐。我的功课从来不在自家卧室做，而是到那家咖啡馆深处的一间包厢里去做。”波伏瓦在《岁月的力量》中写道。

拉丁区的啤酒餐厅变成了各种奇葩云集的场所，他们是用来塑造滑稽文学形象的理想原型。阿方斯·阿莱在一部滑稽短篇小说集中就描述过与这样一些奇葩相遇的故事：“他在与我的餐桌相邻的位置坐下，点了六杯咖啡。噢，我心里想，这位先生在等五位朋友。

“我的推测大错特错。他独自一人喝完了那六杯摩卡。当然是一杯接一杯喝的，难不成他还能一口把它们一起咽下去吗？

“他看出了我的惊讶，于是朝着我转过身来，用淡定的口吻不紧不慢地对我说：‘我嘛……我和巴尔扎克是同一种人……我咖啡喝得很多的。’

“这样一句开场白倒是一点也不让我讨厌。”

在某家时尚的啤酒餐厅拥有一套自己专用的餐具，成了在文学上取得成就的一个标志……“你还是去做专栏作家吧，傻瓜！去做专栏作家吧！你会赚到大把的钞票，你会在布雷邦餐厅（Brébant）里拥有你的一套专用餐具，你可以戴着插有崭新羽毛的软帽在戏剧首演式上露脸……”小说家阿方斯·都德向一位年轻的同行建议道。

当然，这种自命不凡的心态早已成为明日黄花：现如今，作家就算在巴黎的饭店里被人认出，也不会觉得这有什么了不起的……

他常常会发现，或者是觉得自己发现了有一些人在跟踪他，那是警方的人，对此他坚信不疑，他们一直处心积虑地想让他掉入陷阱。每当这时，他就会感觉到有一只手抓住了他的衣领，蛮横地掐住了他的脖子。

有一天晚上，当他在街上的一家饭店吃晚饭时，有个人坐到了他的对面。那人四十来岁，穿着一身干净得令人生疑的黑色礼服。他点了一份羹汤、一些菜蔬和一升葡萄酒。

莫里斯·勒布朗(法国)
《侠盗亚森·罗平》(*Arsène Lupin gentleman-cambrioleur*, 1907)

亚森·罗平红豆羹

谁是最了解巴黎的文学人物？1905年诞生于莫里斯·勒布朗(Maurice Leblanc, 1864~1941)笔下的侠盗亚森·罗平当之无愧。攀房顶、钻地洞、穿街巷，侠盗罗平总能逃脱警察的追缉。

供6人享用
食材准备用时：前一天5分钟，当天30分钟
烹制用时：35分钟

1公斤干红豆
2根胡萝卜
2只洋葱
100克黄油
1块固体鸡汤料
5枚丁香花蕾
半根长棍面包
盐、胡椒

1. 前一天，将红豆浸泡在冷水里。如果您使用的是红豆罐头，那就可以略过烹制的步骤。
2. 第二天，取一口炖锅，将50克黄油熔化。将一只洋葱去皮，细细切碎，置于熔化的黄油中以小火煮十余分钟。将另一只洋葱剥皮，嵌入丁香花蕾。
3. 在炖锅中加入2升水和固体汤料。煮沸，然后加入滤干的红豆和嵌入了丁香花蕾的洋葱；以中火煮35分钟。撒入盐和胡椒。
4. 将胡萝卜去皮，切成薄薄的圆片，蒸或以很少的水煮十余分钟。
5. 红豆煮好后，拿掉整只的洋葱，用粉碎机对红豆进行研磨。
6. 在面包上抹上黄油，切成小块，放进平底锅中煎5分钟。
7. 将胡萝卜倒入炖锅中，然后就可以将红豆羹浇在盘子里的油煎面包块上享用了。

大厅有些嘈杂,不过还有几间独立的小厅和包厢。不用怀疑,这可是一家贵族餐馆。在这里,首先必点的是产自比利时奥斯坦德的牡蛎,配上一些蘸了胡椒和醋的大葱撒在上面,然后就是洋葱汤,与中央市场的摊贩烹制的洋葱汤不相上下,而且这里的雅士们会往汤里撒上一些帕尔玛奶酪末。

杰拉尔·德·奈瓦尔(法国)
《十月的夜》(*Les Nuits d'Octobre*, 1861)

巴拉特记洋葱汤

杰拉尔·德·奈瓦尔是一位失眠症患者,一位纨绔子弟,也是一位诗人,最后以自杀结束了自己的生命。他爱巴黎,正如他爱这世上的一切,那爱里充满了激情和失望。他曾经用挑剔刻薄的眼光去品评当时最为风靡的一家餐馆。

供 6 人享用
食材准备用时:25 分钟
烹制用时:30 分钟

5 只洋葱
100 克黄油
3 只鸡蛋黄
150 毫升牛奶
1 咖啡匙肉豆蔻粉
半根长棍面包
意大利帕尔玛奶酪末
盐、胡椒

1. 用炖锅将 50 克黄油熔化。将洋葱剥皮(请浸在水里剥,以免流眼泪),然后将它们切碎,倒入炖锅中。以文火煎 15 分钟左右,直至变得透明。
2. 加入 3 升冷水,以中火煮 20 分钟。撒入盐和胡椒。在此期间,取出鸡蛋黄放在钵中,加入牛奶和肉豆蔻粉,用力搅拌。
3. 将面包切成薄片,涂抹上剩余的黄油,放在炉架上烤或者用平底锅煎。
4. 将搅拌好的鸡蛋乳液倒入炖锅中,用小一些的火煮,注意不要再次煮沸。

请配以黄油面包片和意大利帕尔玛奶酪末享用。

享用时,建议您高声朗诵奈瓦尔的诗篇……

他举起香槟酒杯，那可不是我们现在所用的那种外来的蠢笨的高脚酒杯……接着他扫视了一圈这些围坐在餐桌边的女人。

“不过，”他一边放下酒杯，一边接着说道，“不过确实，在人生的所有情感之中，会有一段情感在记忆中比其他的都更加耀眼，随着生命前行，愈发如此，令人愿意为了它抛弃其他一切情感！”言语之间颇有些许惆怅。对于这样一个千杯不醉的酒徒来说，才刚把一盘英国咖啡馆的蒿色拉吞下肚，就生出了这等愁肠，这倒令人意外。

巴尔贝·多尔维利（Barbey d'Aurevilly，法国）

《花花公子的真爱》（*Le plus bel amour de Don Juan*）

出自短篇集《女妖》（*Les Diaboliques*，1874）

英国咖啡馆的女妖色拉

圣日耳曼镇的十几个优雅女子策划了一个残酷而妖艳的计谋以报复一位花花公子：共同邀请他参加一场奢华的晚宴，令其对抛弃她们感到后悔，并迫使其说出谁是他的最爱。不过，这花心的男人会落入她们的圈套吗？

供 6 人享用

食材准备用时：30 分钟

150 克菠菜叶

1 根莴苣芯

1 头意大利红菊苣

150 克英国斯提尔顿干酪

100 克核桃

1 根芹菜

20 克龙蒿

6 汤匙葵花籽油

3 汤匙苹果醋

盐、胡椒

1. 将蔬菜洗净，小心沥干，去除菠菜叶的茎，摘下红菊苣的叶子。
2. 芹菜切碎，核桃去壳，尽量将每一只核桃的仁分成四块。
3. 将斯提尔顿干酪切成约3厘米长的薄片。将龙蒿剁碎。
4. 用一只色拉盘来准备调味汁：将油和醋混合在一起，撒入盐和胡椒，用力搅拌使调味汁呈现乳液状。取出三分之一调味汁备用。
5. 将莴苣、红菊苣叶以及菠菜叶放入色拉盘，小心地搅拌。
6. 将做好的色拉分装到各个小盘里，分别配上香菜末、核桃仁和干酪片。撒上龙蒿末，然后在每个小盘里都浇上1咖啡匙的调味汁，就可以立即享用了。

鸡肉冻

奥古斯都·冯·考茨布(August von Kotzebue, 1761~1819)号称"德国的莫里哀",集间谍、剧作家和外交官三重身份于一身,曾经周游世界,品尝过的各地美食数不胜数。他记录的食谱至今仍有参考价值。

供6人享用
食材准备用时:
提前3天,30分钟
烹制用时: 提前3天,1小时

1片重400克的小牛肉薄片
250克鸡胸肉
200克小牛肝
100克黄油
1只鸡蛋
1根胡萝卜
1棵韭菜
50克开心果仁
1块甜面包干
4汤匙马德拉酒
1个炖汤香料包
盐、胡椒

1. **小牛肝切成薄薄的小片。鸡胸肉剁肉糜。将鸡肉糜、碎面包干、鸡蛋和马德拉酒装入钵中轻轻地搅拌。最后加入小牛肝片和开心果。拌上盐和胡椒。**
2. **将小牛肉薄片铺在砧板上,把备好的馅料放在上面,用小牛肉薄片将馅料裹好,像捆扎烤肉一样捆扎起来(绳子交叉捆扎)。**
3. **将胡萝卜去皮切片,韭菜切段,放入炖锅中用一半的黄油煎10分钟,然后将裹扎好的肉放进去,加入剩余的黄油,煎十余分钟至肉色金黄。加水,只要水面没过肉料就好。放进香料包,以文火炖1个小时左右,其间不时地将裹肉翻翻面。**
4. **关火,待炖锅冷却后,将其放进冰箱冷藏3天。适合冷餐,请伴以醋渍小黄瓜、小洋葱、红皮白萝卜和蔬菜色拉享用。**

我建议每一位游客至少到王宫附近的格里尼翁饭店(如今的大维富饭店)去吃一次饭。首先,有九种汤供您选择,接着是七种不同的小馅饼。不喜欢馅饼的人可以点半法郎一打的牡蛎。冷盘有二十五种……家禽或野味做的入口菜有三十一种,羊肉或小牛肉做的有二十八种。做选择很难,尤其是那些古怪的技术词汇常常让人看不懂。比如,有谁搞得清楚到底什么是蛋黄酱鸡、鸡肉冻或一分钟排骨?

奥古斯都·冯·考茨布(德国)
《巴黎记忆》(*Erinnerungen aus Paris*, 1804)

海明威色拉

要吃饭还是要写作：二十世纪二十年代，旅居巴黎的青年海明威（Ernest Hemingway，1899~1961）有时会遇到这个问题。当他的作品终于为他挣到稿酬的时候，当然要用一顿盛宴来犒赏自己的辘辘饥肠……

供 4 人享用
食材准备用时：20 分钟
烹制用时：15 分钟

4 个口感脆的马铃薯
300 克烟熏香肠
1 只洋葱
1 根大葱
10 汤匙橄榄油
2 汤匙苹果醋
2 汤匙重芥末
10 根细香葱
盐、胡椒

1. 将马铃薯去皮，完整地放入蒸锅中，根据大小不同蒸 10 至 15 分钟，不要切开。
   这样就能保证它们做成色拉后足够硬实。
2. 蒸马铃薯的同时，将芥末和 5 汤匙橄榄油倒入碗中搅拌成均匀的乳液状酱汁。加盐和胡椒。
3. 先将烟熏香肠竖切成两半，然后切成约 4 厘米长的小段。浇上之前准备好的酱汁，静置备用。
4. 将 5 汤匙橄榄油和苹果醋倒入陶钵中搅拌，加盐和胡椒。
5. 洋葱和大葱去皮、切片，香葱切碎，然后将它们全部倒入陶钵中。用力地搅拌。
6. 将马铃薯切块，倒入陶钵中，轻轻地搅拌。

您可以根据自己的喜好，选择将烟熏香肠加入色拉之中，或者将其置于一旁佐餐。别忘了喝上几口啤酒，不过海明威很有可能在他的回忆中加入了一些故事化的细节，因为利普餐厅从来只提供 330 毫升瓶装的啤酒。

AVIS
Par Mesure d'Hygiène
Messieurs les Clients sont priés de
ne pas faire manger les chiens
dans le matériel de la Maison
et de ne pas les faire monter
sur les Sièges
LIPP
St Germain des Prés

去利普餐厅要不了多长时间。一路上，比起看到的景致和嗅到的气味，我胃里的感受更加强烈地激发着我去那家餐厅的快乐。那家啤酒餐厅的人很少。我在靠墙的长椅上坐下，背后是一面镜子，面前是一张餐桌。侍应生问我要不要啤酒，我说要一杯上好的，一大玻璃杯足足有一升的那种，还要一份马铃薯色拉。

啤酒非常清凉爽口。淋过油的马铃薯非常硬实，卤制得很好，橄榄油的味道也很鲜美。我磨了点黑胡椒面撒在马铃薯上，把面包蘸上橄榄油。在豪饮了一大口啤酒后，我就慢慢地吃喝起来。过油马铃薯吃完后，我又要了一份，还加了一份烟熏香肠。那是一种粗大的法兰克福香肠，一劈为二，用一种特别的芥末酱腌制的。

欧内斯特·海明威（美国）
《流动的盛宴》（*A Movable Feast*, 1964）

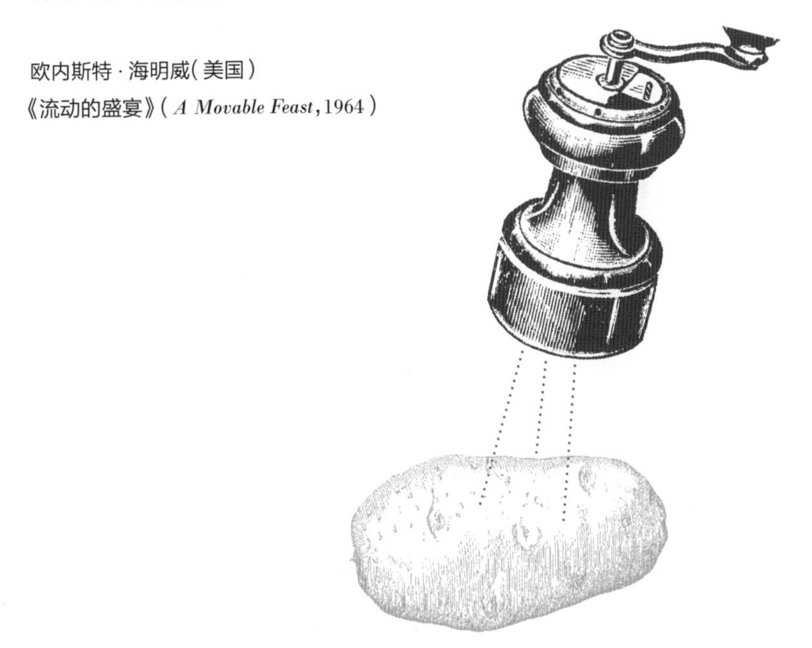

圆白菜红豆烤羊腿

有谁不认识“胡萝卜须”，那个备受妈妈、哥哥和姐姐欺负的小男孩？而创作这个文学形象的儒勒·雷纳尔（Jules Renard，1864~1910）游走于十九世纪末的巴黎文坛，用尖酸的目光审视着和他同时代的人。

供 8 人享用
食材准备用时：30 分钟
烹制用时：
2 小时 30 分钟

1 只约 2.5 公斤重的羔羊后腿
400 克红豆（罐头装或干红豆均可）
1 棵红色卷心菜
2 根胡萝卜
2 只洋葱
150 克黄油
2 汤匙芥末
2 汤匙油，另加涂抹滴油盘所需的量
1 汤匙苹果醋
1 汤匙面粉
盐、胡椒

1. **将烤炉预热至 210℃。将滴油盘抹上油，准备好烤肉铁扦。**
2. **将 50 克黄油放在一只小平底锅里熔化，然后加入芥末，搅拌均匀。把拌好的芥末黄油大量涂抹在羊腿上。用铁扦穿起羊腿，烤 2 小时 30 分钟（每 500 克烤 30 分钟）。**
3. **洋葱和胡萝卜去皮，切成薄片，将它们置于炖锅中，用 50 克黄油煎 15 分钟。然后加入沥干的红豆。撒上盐和胡椒。如果您选用的是干红豆，请先用冷水将它们浸泡一晚，才能加入炖锅中。**
4. **准备色拉：将红色卷心菜洗净切好。把油和醋混合在一起，撒上盐和胡椒。将这样做好的调味汁浇在卷心菜上，搅拌，于阴凉处静置。**
5. **羊腿烤好后，将滴油盘里的烤肉汁回收。一半倒在色拉里，另一半装进一只小平底锅。在平底锅里加入 50 克黄油，一边加热一边大力搅拌，然后将面粉倒入，继续搅拌至汤汁浓稠。撒上盐和胡椒。请趁热享用。**

老罗斯尼抓着我的双手:“毋庸多言。不过,我还是坚持要告诉您,看到您来了我们是多么高兴……有才华……有个性……诚实……”

“我很感动。”我抓着罗斯尼的双手说道。

……

我们点餐。迪斯卡威司激动得像个本周值班的小士官。米尔波为下个星期点了一些红色卷心菜、一只红豆烤羊腿。一个高大肥胖的侍应生做着记录。他们应该没有把我们说的话当真吧。就少了保罗·玛格丽特和列昂·都德两个人,他们一个逃跑了,另一个去外地开会了。

我看上去有些不高兴吗?我自己都没有察觉到。

儒勒·雷纳尔(法国)
1907年11月12日的日记

雨果羊排

泰奥菲尔·戈蒂耶(Théophile Gautier,1811~1872)有许多作品都曾被改编成电影,堪称巴黎文学界的一位风云人物。身为维克多·雨果的弟子和朋友,他从来不放过任何挖苦文坛同僚的机会。

供 4 人享用
食材准备用时:30 分钟
烹制用时:20 分钟

4 块羔羊排(或者 8 块,视食客的食量而定)
200 克绿色四季豆
100 克黄色四季豆
150 克扁豆
150 克核桃仁
1 瓣大蒜
20 克香菜
6 汤匙核桃油
30 克黄油
法国盖朗德的天然海盐、胡椒

1. **将您精心挑选的新鲜细嫩的绿色四季豆和黄色四季豆的豆荚去筋。将扁豆去梗,切成约 2 厘米宽的段状。**
2. **将绿色四季豆和黄色四季豆蒸 10 分钟。**
3. **与此同时,将核桃仁放进搅拌机,加 2 汤匙油,搅拌成柔滑的酱状。将大蒜瓣去皮,与香菜拌在一起。**
4. **四季豆蒸好后,出锅静置备用。**
5. **取一口铁锅或一只大炒锅,将黄油熔化,加入 2 汤匙油,放入大蒜香菜,稍微煎一下,注意不要煎焦。**
   然后放入扁豆,搅拌;用文火烧十来分钟,使其变脆。这时再倒入绿色四季豆和黄色四季豆,撒上盐、胡椒拌炒。保温。
6. **在上菜前,用一只炒锅加热 2 汤匙油。在羊排上撒上盐和胡椒,然后放入热油中,用中火煎,每面煎约 4 分钟,至肉色金黄。**
7. **用很小的火加热核桃酱,然后就可以就着油煎的三种豆子和核桃酱享用这道羔羊排了。**

雨果先生出了名地喜欢把羊排、油煎豆子、番茄酱牛肉、炒蛋、火腿、加了少许醋和芥末的奶咖以及法国布里干酪混在一起，一股脑地塞进嘴里，快速地嚼上很长时间。而且每隔两个小时，他还要喝一大罐冰凉的肉汤。大仲马先生常常一次要三份牛排，其他几道菜也都是要三份。……桑多（法国小说家）先生吃起饭来总是很投入，而罗西尼的心总在厨房一带游荡。他的乐队的铜管乐反映出对锅碗瓢盆的牵挂总是挥之不去地萦绕在这位最顶尖的音乐大师的心头。

泰奥菲尔·戈蒂耶（法国）
《幽默故事集》（*Contes humoristiques*，1872）

“你有时间吃午饭吧,但愿?”

“我正在太子妃啤酒馆,正要吃午饭。”

“你会来这里吃晚饭吗?”

“也许吧。”

啤酒馆的空气中总是弥漫着各种味道,其中有两种尤其显著:一种是萦绕在吧台周围的法国绿茴香酒味,另一种则是从厨房里飘出来的一阵阵的红酒鸡的气味。

乔治·西默农(Georges Simenon,1903~1989,比利时)

《梅格雷与无头尸》(*Maigret et le corps sans tête*,1955)

太子妃啤酒馆的红酒鸡

这一回,侦探小说中最著名的梅格雷探长不得不暂时告别他太太为他烹制的白汁炖肉,去对在圣马丁运河里发现的一具尸体展开调查。而太子妃啤酒馆的老板娘,虽然她做的红酒鸡味道非常美妙,但她的心地可能就没有那么美好了……

供6人享用

食材准备用时:前一天5分钟,当天45分钟

烹制用时:2小时30分钟

1只重约4公斤的公鸡
150克肥肉丁
200克洋菇
2根胡萝卜
2只新鲜洋葱
2瓣大蒜
1个炖汤香料包
750毫升勃艮第红葡萄酒
50克面粉
50克黄油
20克香菜
盐、胡椒

1. 请将公鸡切好。

   前一天,用一个大色拉盘制作腌泡汁:倒入红酒,放入香料包、肥肉丁和去皮的大蒜瓣。将鸡块浸在腌泡汁里,加盖。于阴凉处静置。
2. 第二天,将胡萝卜、洋葱和洋菇去皮、切片。
3. 将面粉倒进一个深盘中,撒上盐和胡椒,搅拌均匀。将鸡块从腌泡汁中取出,快速沥干,裹上面粉。
4. 用一口炖锅将黄油熔化,然后倒入鸡块,烧十余分钟,不时翻面,直到肉色金黄。
5. 将腌泡汁、胡萝卜、洋葱和洋菇倒入。撒上盐和胡椒,加盖,以中火炖煮约2小时30分钟。请配以马铃薯泥一起享用。

存在主义式的越橘鸡

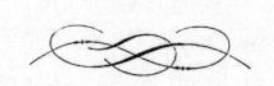

首都在我眼前！年轻的哲学教授西蒙娜·德·波伏瓦(Simone de Beauvoir, 1908~1986)迁入巴黎时，发出了这样的感慨。她一直拒绝学习厨艺，但在回忆录里，她不止一次地谈到了对于美食的记忆……

供4人享用

食材准备用时：前一天5分钟，当天30分钟

烹制用时：前一天15分钟，当天45分钟

1只重约2公斤的小母鸡
4只鸡肝
1片厚厚的熏火腿
100克黄油
200克越橘干
4只洋葱
1个炖汤香料包
1瓣大蒜
1块固体鸡汤料
盐、胡椒

1. 请将母鸡切成6块(最好选用小母鸡)。
   前一天，配制鸡汤。将1升水烧至沸腾。加入鸡肉浓缩固体汤料，搅拌至溶解。将一半越橘干浸泡在汤中，直到第二天。
2. 当天，用一口大炖锅将50克黄油熔化，放入鸡块，不断翻炒至色泽金黄。将一半的汤倒入，加入香料束，以小火炖45分钟。
3. 与此同时，将剩余的越橘干和鸡肝倒入一只钵中搅拌。撒上盐和胡椒。加入去皮的大蒜。将它们搅成馅泥。
4. 洋葱切片，剩下的黄油放在一口锅中熔化，将洋葱倒入煎炒。当洋葱炒至色泽透明时，将越橘馅泥倒入锅中，煎炒5分钟。
5. 将熏火腿切片放入锅中，再煎炒5分钟。
6. 出锅时，加入腌泡好的越橘。在将这道荤杂烩端上桌时，请配上炖好的鸡块和一份马铃薯泥或豌豆泥，以强化视觉效果……

这道在西蒙娜·德·波伏瓦看来很特别的菜肴是节日聚会的理想菜品。

Digestifs
Noces de Jeannette
SALONS
RESTAURANT
SOUPERS

我们常常聚会。有一天晚上，在维京饭店，我吃了一份越橘鸡，当时饭店的舞台上，一支乐队正在演奏一首时髦的曲子：《异教徒的情歌》（*Pagan Love Song*）。我知道，要是那顿饭菜不够特别的话，才不至于令我心醉神迷。

西蒙娜·德·波伏瓦（法国）
《岁月的力量》（*La Force de l'âge*，1960）

“啊！我好渴呀！”

“再好不过了。不过，我们还是别在这家啤酒馆……”

“不，就在这里！这里很炫，很热闹，很有意思。”

“可这里太文艺，太轻佻，太嘈杂啦……”

……

有人端着一盘小龙虾经过，缭绕的香味勾起了我一丝食欲。

“还有小龙虾？好吧，好吧！你要吃几个？”

“几个？这东西我从来都吃不够的。先来十二只吧，之后再说。”

科莱特（法国）
《克洛迪娜在巴黎》（*Claudine à Paris*，1902）

克洛迪娜的小龙虾

表兄雷诺真的像表面上那般天真吗？正如从克洛迪娜这个人物形象中可以看到西多妮－加布里埃尔·科莱特（Sidonie-Gabrielle Colette，1873~1954）的影子一样，从雷诺身上，我们也很容易发现科莱特丈夫维利的痕迹。维利是当时巴黎的一位社会名流，一个放浪不羁、绯闻缠身的大亨。

供 4 人享用
食材准备用时：20 分钟
烹制用时：30 分钟

12 只小龙虾
1 根胡萝卜
1 只洋葱
1 根芹菜
50 克黄油
500 毫升干白葡萄酒
1 个炖汤香料包
20 克香菜
半咖啡匙琼脂（可选）
盐、胡椒粒

1. **洋葱和胡萝卜去皮，洋葱和芹菜切成片，胡萝卜切成丁。取一个大平底锅，将黄油熔化，放入洋葱和胡萝卜油煎，注意不要煎焦。**
2. **倒入白葡萄酒和 500 毫升水，加盐、胡椒（撒入十几粒胡椒粒），加入芹菜、香料包和香菜。**
3. **将汤煮沸，将小龙虾浸泡在汤中，根据个头大小，煮 7 至 10 分钟。然后用漏勺将它们捞出。**
4. **您可以用汤配制一小杯冻胶作为小龙虾的佐餐：捞出香料包，把香菜剁碎，加入琼脂，大力搅拌。**
5. **将汤带着汤料倒入一些小杯中冷藏成冻胶状。享用时，将它们从杯中倒出，倒在盘子上，将小龙虾摆在上面，堆成塔状。**

“哦,”斯特瑞切说,“我有许多事情要告诉你!”

他说话的方式起着暗示韦马希的作用,要他凑凑趣,使叙述这些事情变成一件赏心乐事。

他等鱼端上桌,喝了点酒,抹抹长髭须,靠着椅背坐着。他看着那从他们身边走过去的两位英国女士,要不是因为她们没有理睬他,他差点就要开口招呼她们了。因此他只好趁鱼端上来时改口大声说道:“弗朗索瓦,谢谢了!”

亨利·詹姆斯(英国)
《使节》(*The Ambassadors*,1903)

使节的藏红花安康鱼

巴黎这座“光明之城”对于外国人的魅惑是沁入脾胃的……亨利·詹姆斯(Henry James,1843~1916)这位最为英国化的美国作家致力于用作品破译人类情感的同时,也不忘将一些重要的情节摆到餐桌边来演绎。

供6人享用
食材准备用时:35分钟
烹制用时:35分钟

1公斤安康鱼
3根胡萝卜
200克蘑菇
2根大葱
250毫升干白葡萄酒
50克黄油
200毫升鲜奶油
1咖啡匙藏红花丝
盐、胡椒

1. **将安康鱼切成大块。取一口大炖锅,将黄油熔化,然后将鱼块的每一面都煎至色泽金黄,约需5分钟。将它们装在盘中备用。**
2. **将大葱、胡萝卜和蘑菇去皮、细细切片。将它们放在刚才煎鱼的黄油中,以中火煎5分钟,轻轻翻炒。撒入盐和胡椒。倒入白葡萄酒,降低火力,加盖焖煮10分钟。**
3. **之后,将鱼块倒入,以文火煮15分钟左右。**
4. **在出锅前不久,用漏勺将安康鱼块从炖锅中捞出,将奶油和藏红花加入汤中。搅拌。然后再将鱼肉放回炖锅中,以小火再煮片刻,注意不要再煮沸。**

享用时,请配以菰米、甜菜或马铃薯泥。

千层酥

离开牢笼般的外省寄宿学校，小雅克回到首都巴黎时激动不已。也难怪他回来后要去的第一个地方就是糕点店。因为在罗杰·马丹·杜伽尔（Roger Martin Du Gard，1881~1958）讲述的蒂博一家人的传奇中，美食与戏剧性的转折常常是相伴随行的……

制作 4 个千层酥
食材准备用时：45 分钟
烹制用时：30 分钟

制作酥皮用料
300 克面粉
200 克黄油
盐

制作香奶油用料
500 毫升牛奶
2 只鸡蛋黄
50 克砂糖
30 克面粉
1 枝香草
糖粉

1. 制作酥皮。黄油切成小块，将其烧软但不要熔化。将面粉、150 毫升水和一撮盐倒在一只碗中搅拌，揉成面团。
2. 用擀面杖将面团擀成一块方形的面皮，然后将黄油小块放在中间。将面皮四角折起包裹住黄油，借助擀面杖将黄油压碎。重新把面皮擀成长方形，将其折成三折，像钱包一样。将面皮旋转四分之一圈，再次擀平，再折三折，这道工序需要反复六遍。然后将面皮擀平，切成 12 个 10 厘米乘 5 厘米大小的方块。
3. 将烤炉预热至 180℃。将一张防油纸铺在蛋糕烤盘上，放上面皮方块，在它们上面铺上另一张防油纸，再在上面压上一些蛋糕模具。入炉烘烤 10 分钟。
4. 与此同时，可以制作香奶油：将牛奶煮沸，加入一半砂糖，搅拌。将香草剖开，将其中的种子刮下来，和荚一起放入牛奶中。将剩余的砂糖和鸡蛋黄放在一起搅拌，一直拌到颜色变白。加入面粉，搅拌均匀。倒入煮沸的牛奶，同时大力搅拌。然后将它们全部放在火上，同时不停搅拌，直到奶油变得浓稠。挑出香草荚。将奶油静置冷却。
5. 将面皮方块出炉，放在烤架上冷却。然后就可以将面皮和奶油交替铺叠在一起，制作成千层酥。在最后一张面皮上撒上糖粉。

他俩回到城里。街道挤满了人，像蜂房一样嗡嗡扰扰。糕饼店被挤得水泄不通。雅克站在人行道上，面对着奶油四溢、糖渍闪光的五层蛋糕呆若木鸡；看到这种景象仿佛使他透不过气来。

“进去吧！”昂图瓦纳微笑着说。

雅克的双手哆哆嗦嗦地捏住昂图瓦纳递给他的碟子。他俩坐在铺子的紧里边，而面前摆着选中的一个金字塔般的蛋糕。香草和热糕点的气味从半掩着的服务员进出口飘过来。雅克一言不发地呆坐在椅子上。他吃得很快，吃完每块糕点都停顿下来，等待昂图瓦纳递给他，然后又开始吃起来。

罗杰·马丹·杜伽尔（法国）
《蒂博一家》（*Les Thibault*，1920~1923）

侦探小说女王的车轮泡芙

谁人知道，在所有享有“侦探小说女王”美誉的作家中，最具英伦气质的那一位曾经在巴黎学习过数月，还经常与上流社会的名媛作伴，出入浮华的夜宴，或是到巴黎最著名的一家糕点店去大快朵颐？那家糕点店成立于1903年，坐落于里沃利街226号，拥有足足20米宽的橱窗。她甚至一度打算在那里定居下来，当一位歌手……

供6人享用
食材准备用时：45分钟
烹制用时：30分钟

制作泡芙用料
4只鸡蛋
200毫升牛奶
100克黄油，另加核桃大小的一块，用来抹在烘焙盘上
150克面粉
1汤匙白糖
糖粉

制作奶油用料
250毫升牛奶
2只鸡蛋的蛋黄
50克白糖
50克糖杏仁

1. 将烤炉预热至180℃。制作泡芙：将200毫升水、牛奶、黄油和白糖倒入平底锅，搅拌均匀，烧开。
2. 一待混合汁烧开，立即关火。将面粉一次性倒入，同时搅拌。然后将鸡蛋一个一个打碎拌入。等到混合物变成柔软的膏状，泡芙就做好了！
3. 在烘焙盘上抹上黄油。使用挤奶油器（或勺子），把面糊制成直径20厘米的圈状。用叉子划出花纹。入烤炉烘焙15分钟。
4. 烘焙的同时可以制作奶油：用平底锅将牛奶煮沸。将蛋黄和白糖一起放进钵中，一直搅拌到颜色发白，然后一边搅拌一边将煮沸的牛奶慢慢倒入。
   将混合液倒入平底锅中，用小火炆煮，同时用木勺不断搅拌，直到奶油变稠变厚。掺入糖杏仁，搅拌，备用。
5. 将烤好的面圈出炉，平切成两半。静置冷却。用拉花挤奶油器把备好的奶油涂在车轮泡芙的下面一半上。盖上上面的另一半，撒上糖粉，冷却。

那的确是一段快乐的时光。有时，在参观完卢浮宫后，别人会带我们到朗裴美尔家喝茶。对于一位小馋猫来说，生活中没有什么事情比到朗裴美尔家喝茶更有意思的了。那时我最喜欢的，就是那些用栗色奶油裱花、甜得发腻的糕点。当然，他们也会带我们到布洛涅森林公园去散散步——那可是一个令人神往的地方。

阿加莎·克里斯蒂（Agatha Christie，1890~1976，英国）
《自传》（*An Autobiography*，1977）

“你可不可以请我吃一个巴伐利亚奶糕?”她对我说。“我有些胸闷,那样会让我舒服些。”

我无法拒绝这个要求。我把她带到了亚历山大咖啡馆,因为我不想让人看到我和她一起出现在高芬咖啡馆……就着一块面包吃完了巴伐利亚奶糕后,她又点了咖啡:她往咖啡里倒了些牛奶,使味道变得柔和一些。我一开始什么也没有吃,这时学着她的样子往咖啡里加了牛奶。美酒和咖啡会在一些人身上产生奇妙的效果;也就是说,随着这些饮品发生作用,他们会变得更加善良,更加快乐,更加温柔。

尼古拉-埃德姆·莱斯蒂夫(法国)
《巴黎的夜晚》(*Les Nuits de Paris*, 1788~1794)

巴伐利亚奶糕

他是政治煽动者,可能还是巴黎警方的线人,同时也是色情作家、印刷商、诗人和剧作家。阴险的尼古拉-埃德姆·莱斯蒂夫(Nicolas-Edme Restif de la Bretonne, 1743~1806)的一生动荡不定。而他的大部分作品都与他日思夜想的那些女人有关。

供6人享用
食材准备用时:
前一天30分钟
烹制用时:
前一天10分钟

750毫升牛奶
6只鸡蛋黄
150克糖
1咖啡匙红茶茶叶
1咖啡匙琼脂
500毫升高脂奶油

1. 将牛奶倒入平底锅,加入茶叶,煮沸,使其沸腾几分钟。然后用小漏勺过滤牛奶,并将其重新倒入平底锅。
2. 将蛋黄和糖放入一只钵中搅拌,直到其颜色变白。
3. 这时将牛奶慢慢倒入钵中,一边倒一边不停地搅拌。然后将搅拌好的混合物再次倒入平底锅中,加入琼脂,煮沸1分钟。关火备用。
4. 将高脂奶油倒入另一只钵中,搅拌至其变得厚实。
5. 将第一种奶油和第二种奶油加到一起,然后分装入蛋糕杯或透明的酒杯。冷藏至第二天享用。

是的，我亲爱的好路易，我们聊一聊，只要有机会，我们就应该尽可能多地聊一聊。今早收到你的信我很高兴。不过昨天一天我过得糟透了。我出了门，在意大利街和卡布欣街游荡了两个小时。到八点半时，我开始觉得饿了；我走进主教咖啡馆吃些东西，很快我就听到有人叫我，看到一张开心的面孔在对我微笑；是爱尔兰作曲家巴尔夫，他刚从伦敦来，他请我和他一起吃了晚饭。

埃克托·柏辽兹（法国）
《致路易·柏辽兹的信》（1865年7月11日）

主教咖啡馆的蛋奶酥

永远那么愤怒，那么自大，那么不满足，天才的作曲家埃克托·柏辽兹（Hector Berlioz，1803~1869）总是在为一丁点儿小事生气，任何事情都会令他烦躁。无论是在巴黎还是在伦敦，在尼斯还是在罗马，能够平缓他的暴躁脾气的，只有行走和吃喝。而能够得到他的宽待的，则只有他的儿子路易……

供4人享用
食材准备用时：25分钟
烹制用时：40分钟

1只橙子
3只鸡蛋
200毫升牛奶
50克砂糖，另加1汤匙用来上色
50克木薯淀粉
1汤匙橙子利口甜酒
1块核桃大小、用来涂抹模具的黄油
糖粉
盐

1. 将橙子皮擦成碎末，将橙子榨汁。把糖、橙汁、橙皮末、木薯淀粉、一撮盐和牛奶倒入一只小平底锅中搅拌。加入橙子利口甜酒。慢慢煮沸，同时不停地搅拌。关火，冷却一会儿。
2. 将烤炉预热至180℃。将鸡蛋打破，把蛋清和蛋黄分离。在蛋清里加一撮盐，打成非常紧实的雪状。将蛋黄加入上一步做好的备料中；再将打好的蛋清放进去，注意动作要轻柔，不要弄破。
3. 在一个较深的蛋糕模子里涂好黄油。把备料倒进去，撒上砂糖。将表面抹平滑，入炉烘烤35分钟。
4. 当蛋糕膨胀起来时，撒上糖粉，再烤4到5分钟，以使其呈现焦黄的色泽。请立即享用。

一天晚上，他陪他的两位女性朋友及她们的丈夫去剧院，看完演出后他邀请他们去吃意式什锦冰淇淋。他们在那个餐馆坐了几分钟，这时他注意到有位先生目不转睛地盯着他的女客之一。

居伊·德·莫泊桑（法国）
《懦夫》（*Un lâche*，1884）

意式什锦冰淇淋

这家传说中的冰淇淋店位于泰布街和意大利街的街角，每天都有数不胜数的名媛贵妇乘着马车来到它的门前，有的根本不下车，而是打发仆从买了直接拿到车上享用！光临这家冰淇淋店，成了品味的象征……而莫泊桑亦不能免俗。

制作 4 杯
食材准备用时：前一天，使用冰糕调制器需要 30 分钟，或使用冰箱需要 40 分钟

1.5 公斤草莓，另加 4 个草莓做装饰
250 毫升瓶装糖浆
4 瓶全脂酸奶
150 毫升液态奶油
4 汤匙糖粉

1. 前一天，将草莓与糖浆混在一起，搅拌成柔滑的乳液状。
2. 先后加入酸奶和液态奶油，同时不停搅拌。
3. 将备料倒入冰盘，放进冰箱。3 个小时后，用叉子将冰淇淋搅拌一下，再放入冰箱。再过 3 个小时，再次重复这一操作。然后就一直冷冻至第二天。
4. 制作冰淇淋球，在每一杯上放一颗草莓，撒上糖粉。

玛丽-路易丝蛋糕

叼着雪茄、穿着男装的奥萝尔·杜班就是大名鼎鼎的乔治·桑(George Sand,1804~1876)。她以自由不羁的笔调和风格著称于世,而且是参与马尼晚餐会的惟一女性。马尼晚餐会是巴黎文坛的日常聚会,参加者都是当时最杰出的作家。

供8人享用
食材准备用时:30分钟
烹制用时:1小时

4只鸡蛋
750毫升牛奶
100克面粉
100克黄油,另加核桃大小的一块用来涂抹模具
100克香草糖
5块方糖
2汤匙白兰地(可选)
盐

1. 用平底锅将黄油熔化,倒入面粉,大力搅拌。不要关火,慢慢将牛奶倒入,同时不停搅拌,然后加入香草糖,煮开,稍微沸腾几分钟。关火备用。
2. 用黄油涂好萨伐林蛋糕模子。取一只小平底锅,加150毫升水,将方糖融化。加热,一待沸腾就关火,将熬好的焦糖倒入模子中,并将其在模子内壁上涂抹均匀。
3. 将烤炉预热至180℃。将鸡蛋敲开,将蛋黄与蛋清分离,将蛋黄倒进平底锅中。大力搅拌。
4. 将蛋清放进一只钵中,加一撮盐,搅打成紧实的雪状,然后将它小心地放到先前的备料中。最后倒入白兰地或少许柠檬汁或橙汁。将备料倒进模子,放到蒸锅中,入炉烘烤1小时。之后就可以将烤好的蛋糕从模子中取出享用了。

今天,我第一次到马尼咖啡馆和我的同行们共进晚餐,参加由圣伯夫发起的一月一次的晚餐会。出席者有戈蒂耶、(评论家)圣-维克多、福楼拜及其好友布耶、圣伯夫、著名的化学家贝特洛,以及龚古尔兄弟。丹纳和勒南没有来,一共只有十二个人。我受到了热烈欢迎。他们三年前就邀请我参加了。今天我下定决心自己一个人去,这样比较干脆。我不想让任何人带我去。他们都很有思想,同时也都很矛盾、很自恋,除了贝特洛和福楼拜,他们俩从来不夸耀自己。

乔治·桑(法国)
《致莫里斯·桑的信》(1866年2月12日)

在巴黎吃得真好！哪里的美食佳肴都比不了梅奥饭店的一顿热腾腾、快捷而可口的晚餐：那里的菜单有上百道菜供您选择；菜单编印得极其精心；漂亮的大厅金碧辉煌，如同剧场般精雕细琢；许多精美的水果堆成了一座座高塔；诱人的味道飘浮在圆桌之上，令人胃口顿开。在宽大的服务台，有两位容貌姣好的女士在负责维持秩序和收款。

路易－塞巴斯蒂安·梅尔西耶（法国）
《新巴黎》（*Le Nouveau Paris*，1800）

梅奥糖梨

路易－塞巴斯蒂安·梅尔西耶（Louis-Sébastien Mercier，1740~1814）是巴黎日常生活和政治生活的忠实观察者。他匿名创作的诗歌引起了国王路易十六的反感。幸而后者在大革命时期被送上了断头台，使他得以逃过一劫。此后，他转而进行一些没有那么危险的创作。

供 6 人享用
食材准备用时：前一天 5 分钟，当天 15 分钟
烹制用时：1 小时 15 分钟

12 只梨子
1 升红葡萄酒
150 克糖
1 枝香草

1. 前一天，剖开香草，浸在葡萄酒瓶中。塞上瓶塞，置于常温环境中，直到第二天。
2. 当天，将梨子去皮，不要切开。将葡萄酒倒入一只厚底炖锅中，加入一半糖，煮沸，同时大力搅拌。
3. 当葡萄酒烧开时，将梨子浸入炖锅中，以微火煮 45 分钟左右。
4. 将梨捞出沥干，保留一半葡萄酒备用。将剩下的糖倒进平底锅中，用备用的葡萄酒融化，以文火煮 15 分钟左右，熬成浓稠的糖浆。注意要经常搅拌，不要熬煳。
5. 糖浆熬好后，将其倒入大酒杯中，放入梨子，冷却后便可享用。

大维富饭店（Grand Véfour），也就是原来的夏特尔咖啡馆（Café de Chartres），自从1781年开始就占据着王宫的顶层。大革命时期的革命者们曾经坐在这里的长椅上激烈辩论，雨果常常到那里品尝自己最爱的一道菜肴，大维富饭店的主厨雷蒙·奥利弗在那里首创推出了电视烹饪节目！大仲马在《巴黎的莫希干人》（*Les Mohicans de Paris*）中称其为在巴黎最理想的用餐之地："'到了巴黎，我们去哪儿吃晚饭呢？''到维富饭店呀，这还用说吗！''维富饭店！噢！真高兴呀！'小姑娘开心地拍着手叫起来，'我老早就听人说过维富饭店了……'"法国作家兼电影导演萨沙·吉特里和法国作家路易·阿拉贡（Louis Aragon）也都是这家经典的巴黎餐馆的常客。在老板居伊·马丹的领导下，它已经晋升成为巴黎的一处历史名胜，并重新获得了三星认证。

第 三 章

宴会大餐

巴黎的文学历史点缀着一场场令人难忘的大餐、夜宴，在饮宴的做媒下，美食与文字纷纷结缘。比如1864年1月19日，在大仲马家有三十二人共进晚餐，菜式主要有康卡勒一口酥、侯爵甜点、罗佐利奥小母鸡、佩里格酱烧松露野鸡，还有其他一些已经消逝在烹饪历史迷雾中的美味佳肴……大仲马对于美食的兴趣是众所周知的，有时他还会亲自下厨："昨天我到茹贝尔（法国著名文学评论家）家吃晚饭，他们是富人，是大仲马和马沙尔的朋友。整顿晚饭都是大仲马做的；十大盘菜，味道好极了；一共十二个人就餐。为了这一天，他们事先把家里的厨师们打发走了，目的是让他能够自由自在自如地发挥。他是下午三点带着他的老女仆一起到达的，说真的，绝不是开玩笑，他让我们吃得和皇帝一样好。"1866年，乔治·桑在给自己儿子莫里斯的信中写道。

稍有些名气的作家和艺术家一定要到上好的饭店去露露脸，而且大餐盛宴非常适宜充当戏剧化情节的场景。从这个角度上说，巴黎是一座神奇的宝藏：有海明威钟爱的里兹酒店（Ritz），有诗人波德莱尔（Charles Baudelaire）或画家欧仁·德拉克洛瓦经常光顾的拉贝鲁斯饭店，还有被莫泊桑写进《如死一般强》（*Fort comme la mort*）中的勒杜瓦杨餐厅（Ledoyen）："突然，伯爵夫人问道：'几点了？''中午十二点半了。''噢！我们快去吃午饭吧。公爵夫人这会儿应该正在勒杜瓦杨等我们呢，她吩咐过，如果我们在这些大厅里找不到她，就要我把你带到那里去。'那家饭店位于一片乔木和灌木树林中间，就像一只拥挤而嘈杂的蜂箱。呼朋唤友之声、杯盘交错之音交织混合成一团喧嚣，从大开的门窗奔涌出来，嗡嗡作响。密密麻麻的餐桌边上都坐满了正在用餐的人们，沿着相邻的过道两边排列着；在狭窄的过道上，侍应生们端着装满肉、鱼和水果的托盘飞快地跑来跑去。"

诗人阿方斯·德·拉马丁（Alphonse de Lamartine）、哲学家萨特和小说家安德烈·马尔罗（André Malraux）经常光顾大维富饭店，乔治·桑、雨果、莫泊桑以及福楼拜喜欢到拉贝鲁斯饭店吃晚饭，作家塞维涅夫人偏爱品尝银塔饭店（La Tour d' Argent）的巧克力，而马克西姆饭店（Maxim' s）也时常迎来一些剧作家、小说家和演员们的光临。

1867年6月4日的一场晚宴，堪称法国首都历史上最耀眼的宴会之一，铭记于许多作家的记忆之中。时值万国博览会举办之际，普鲁士国王威廉一世邀请俄国沙皇亚历山大二世和俾斯麦亲王共进晚餐。这场"三王聚会"之宴是由英国咖啡馆的著名厨师阿道尔夫·迪格莱雷（Adolphe Dugléré）亲手烹制的，主要的菜品有女王松露鸡酥、威尼斯鳎鱼里脊、焗制多宝鱼片，外加一系列名贵的酒水：1846年的返自东印度群岛的马德拉酒、1821年的雪利酒、1847年的伊甘甜酒、1846年的香贝丹、1847年的玛歌、1847年的拉图、1848年的拉菲、冰镇王妃香槟……

同样青史留名的，还有1889年在杜伊勒里花园举行的法国全国市长大宴。由糕点大师让－弗朗索瓦·波泰(Jean-François Potel)与法国宫廷名厨艾田·夏博(Etienne Chabot)于1820年合伙创建的著名的波泰与夏博酒店(Potel et Chabot),借助这次宴会实现了一项了不起的成就,那就是同时为两万五千人提供餐食！当时这些市长要员们享用的菜品主要有:巴黎羹汤、松露鸡肉冻、冰镇苏法菜和朗姆酒水果蛋糕……

在王朝时代,君王举行的宴会是宠臣绝对不能缺席的场面。冈庞女士(Mme Campan)曾是法国王后玛丽－安托瓦内特的心腹侍女,她在她的《回忆录》中写道:“王族的每一家每天都举办公开的晚宴。任何人只要衣着整洁,门卫就不会阻拦。这场面可真是让那些外省来的乡下人大饱了眼福。每到晚宴时分,楼道里满是这些土包子,他们看过了太子妃吃羹,又跑去看亲王们喝汤,接着又上气不接下气地跑去看贵妇们吃点心。”

在帝国时期,拿破仑一世的贴身侍卫路易·孔斯当(Louis Constant)几乎全盘透露了这位皇帝的饮食喜恶:“皇帝最爱的菜,是一种烩鸡块:在征服了意大利之后,皇帝将其命名为马伦戈(意大利西北部一地名)鸡块;他也喜欢吃菜豆、兵豆、小排、烤羊胸和烤鸡。他最喜欢的都是一些最简单的菜肴,但他对面包的品质十分挑剔。有人说皇帝酷爱咖啡,这不真实。他只是在午餐和晚餐之后各喝半杯咖啡。”

1906年起,一些厨师和文人合作编纂了一部饱含美食与文字乐趣的著作。在《法兰西烹饪:吃好的艺术》(*La Cuisine française: l'art du bien manger*)一书中,埃德蒙·里夏丹(Edmond Richardin)向作家们征询他们各自最喜爱的菜品,并为他们联系了一些大饭店。拉贝鲁斯饭店的大厨于连被要求为这部时尚烹饪专著提供一些独家菜谱。后者于是在该书中披露了为纪念伟大的女高音梅尔巴而创作的梅尔巴小牛胸腺、圣通日野兔肉酱乃至奶油慕斯蘑菇泥荷包蛋的做法……而乔里－卡尔·于斯曼则在这部书中对熟肉酱大唱赞歌！

如今,丰盛的晚宴仍然在召唤着文学爱好者们:“文学美味”、“文学晚餐俱乐部”、“笔与味”、“一千零一页”,诸多创意协会依然在续写着钟爱文字与美食的作家传奇……

酥皮鸡肉饼

的确，有一些“失足女孩”自甘堕落，比如娜娜，但也有一些愿意从良，比如作家亨利·赛亚尔（Henry Céard，1851~1924）描绘的那一位，她在巴黎公社时期通过诱惑法军的一位上校，几乎成了一位女英雄。一丝不挂地从肉饼里钻出来，在间谍业界真正是一招所向披靡的美人计……

供 6 人享用
食材准备用时：
前一天 35 分钟
烹制用时：
前一天 2 小时

制作面团用料
300 克面粉
150 克黄油
2 只鸡蛋黄

制作馅料用料
300 克鸡胸肉
200 克新鲜的猪肥肉
150 克熏火腿
50 克黄油
2 只鸡蛋
2 只洋葱
1 咖啡匙肉豆蔻粉
1/2 杯牛奶（70~80 毫升）
盐、胡椒

1. **将面粉倒入钵中，撒上一撮盐。搅拌。将黄油熔化后倒进面粉，同时轻轻搅拌。加入 150 毫升水，然后加入蛋黄。揉成均匀的面团，备用。**
2. **将火腿和一半肥肉切成薄片。放进长柄锅中以文火煎十余分钟。与此同时，将洋葱去皮剁碎；倒入长柄锅，以文火持续拌炒至洋葱色泽透明。撒上胡椒。**
3. **用搅拌机将鸡胸肉和剩下的肥肉绞碎，然后倒入鸡蛋。加入肉豆蔻粉。**
4. **拿一个长方形的钵子当模子，在里面抹上黄油。然后把面团分成大小不一的两部分。用擀面杖将大的面团擀平，铺在钵内，让其边缘超出钵边。将另一个小面团擀平做成面粉盖子。**
5. **将烤炉预热至 180℃。在钵底铺上一层 1 厘米厚的肉馅，然后铺一层洋葱炒火腿。这样交替地铺，直到将馅料用完。**
6. **盖上面粉盖子，压实，将边缘封好。用食物刷在面粉盖子上刷上牛奶。在面粉盖子上戳个洞，把用防油纸卷成的小管子插进去，以便排气。**
7. **入炉烘烤 2 小时，然后晾凉，再放入冰箱冷藏至次日。**

她有一些离奇的举动一直为人津津乐道：有一天，在一次晚宴上，桌上摆了一个硕大的肉饼，巨大的饼皮铺满了整个桌面，结果她一丝不挂地从那个肉饼里钻了出来；她是第一个用香槟酒沐浴的人，她的这个创举此后一直被那些想像力贫乏却一心追求新奇的效颦者模仿；人们也永远不会忘记，在剧院，一出新戏首演之夜，她为了快些赶到楼厅包厢的第一排，毫不知羞地脱下衬裙塞进包里从栏杆上抛过去，然后当着满场观众的面，赤着小腿、裸着大腿，走到她的座位。

亨利·赛亚尔（法国）
《放血》（*La Saignée*）
出自中篇小说集《梅当夜谈》（*Les Soirées de Médan*，1880）

拉斯蒂涅克抓着吕西安，带到泰布街上他的家里去，离出事的根特大道只有几步路。幸而那是吃晚饭的时间，没有人围拢来看热闹。德·玛赛跑来找吕西安，和拉斯蒂涅克两人硬把他拉往英国咖啡馆去快快活活地吃饭，临了三个人都喝醉了。

“您擅长剑术吗？”德·玛赛问他。

“从来没耍过。”

“手枪呢？”拉斯蒂涅克问。

“我这辈子一枪都没开过。”

奥诺雷·德·巴尔扎克(法国)
《幻灭》(*Illusions perdues*, 1837~1843)

杰尔米尼酸模羹

这道酸模羹难道是对曾经的法兰西银行行长杰尔米尼先生的功绩的纪念？在巴尔扎克(Honoré de Balzac, 1799~1850)的小说里，野心勃勃的拉斯蒂涅克和他的两个同伴就津津有味地吃过这碗羹。巴尔扎克的作品已经化作了巴黎传奇街道的一部分。

供 6 人享用
食材准备用时：30 分钟
烹制用时：20 分钟

1 公斤酸模
1 只洋葱
50 克黄油
3 只鸡蛋黄
3 汤匙法式酸奶油
1 块浓缩固体牛肉汤料(或 1 升炖牛肉汤)
20 克细叶芹
6 片软面包
盐、胡椒

1. 酸模洗净，用手拧干、去梗。细叶芹洗净，切碎。洋葱去皮，切成薄片。
2. 用炖锅将黄油熔化，加入洋葱和酸模。以微火煎 10 分钟左右。与此同时，另取一只平底锅制作牛肉汤：用 1 升水，放入浓缩固体牛肉汤料，煮沸。
3. 10 分钟后，当酸模开始熔化时，倒入牛肉汤，以微火炖煮十余分钟。
4. 在此期间，将鸡蛋黄倒入碗中，加入酸奶油，大力搅拌。撒上盐和胡椒。
5. 如果您羹汤柔滑，您可以用搅拌机把酸模打碎，但传统做法是不搅碎的。将蛋奶混合液倒入炖锅中，关小火力(注意，从这刻开始，不要再次煮沸)。用力搅拌，以使奶油融入羹中。
6. 烤好软面包片，切成两半，在每个餐盘里各放两个半片。撒上细叶芹末，浇上羹汤。

肉豆蔻南瓜羹

天下闻名的侠盗就是在查案时，也不会满足于将就的餐食。拉吕饭店（Larue）是位于马德莱娜广场的一家雅致的饭店，经常光顾的宾客里，不仅有文坛精英，也有文学作品中的人物：千面人方托马斯和侠盗亚森·罗平在这家饭店都有自己的专座。而在洛菲斯酒店（L' office），负责监制美味佳肴的，则是现实世界里真正存在的著名厨师爱德华·尼尼翁，他在1908年买下了这家优雅的酒店……

供6人享用
食材准备用时：30分钟
烹制用时：20分钟

1只重约2.5公斤的南瓜
100克肥鹅肝
200毫升鲜奶油
50克黄油
2只洋葱
1咖啡匙肉豆蔻粉
1咖啡匙海盐
盐、胡椒

1. **将洋葱去皮（浸在水中进行，以防流泪），切成薄片。用一口大炖锅（或压力锅）将黄油熔化，加入洋葱，以文火煎十余分钟。**
2. **将南瓜去皮，切成大块。去掉瓜籽。您可以把瓜籽留下来用黄油炸一炸，当作开胃小食。**
3. **将南瓜放进炖锅，拌炒一下，再倒入1.5升水。撒上盐和胡椒。用中火煮20分钟（使用压力锅的话，只要煮10分钟）。**
4. **与此同时，用刨子将肥鹅肝刨成薄片。**
5. **将南瓜搅碎，然后加入奶油和肉豆蔻粉。**
6. **将羹汤装盘，点缀上撒了几粒海盐的肥鹅肝片。**

“亚森·罗平也有自己的部队！他要去发动他们！刻不容缓！”他坐在一张珍贵的英式写字台前，写了五封气压传送信。接着，他按铃叫来了自己的仆从。

“要快。很紧急。”

现在他要做的只是等待，虽然他骨子里就是一个无法等待的急性子。他去了圣马丁门的剧院，那里在重演《雄鸡》。然后他去拉吕饭店吃羹汤。

布瓦罗－纳尔瑟加克（Boileau-Narcejac，1906~1989，法国小说家）
《一触即发》（*La Poudrière*，1974）

王后一口酥

颓废而浪漫的纨绔子弟、作家阿尔弗雷·德·缪塞(Alfred de Musset,1810~1857)和乔治·桑维持着充满爱欲的关系,他在42岁时写了回忆录,并当选为法兰西学术院院士。在《一个世纪儿的忏悔》中,美餐与情欲一样,都是动荡人生的栖息地……

供6人享用
食材准备用时:30分钟
烹制用时:30分钟(若您要制作吐司的话,则需50分钟)

6个千层吐司
200克小牛肉片
2块小鸡胸肉
2个小牛肉团
200克蘑菇
100克黄油
30克面粉
200毫升白葡萄酒
1块固体鸡汤料
1咖啡匙肉豆蔻粉
盐、胡椒

1. 到面包店买一些千层吐司,或者自己制作一些(参照第78页千层酥的做法)。制作一个千层吐司,需要把三片空心面皮叠放在一片同样大小的实心面皮上,放在抹了黄油的糕点烤盘上,以180℃的炉温烘烤20分钟。另外再预备四小片面皮,切成牛角状,充当盖子。
2. 将小牛肉片和小鸡胸肉以及肉团切成丁。
3. 用平底锅将250毫升水和白葡萄酒烧开,加入固体汤料搅拌。将小牛肉和鸡肉放入汤中煮10分钟,然后加入肉团再煮5分钟。撒上盐和胡椒。
4. 将蘑菇洗净,去掉根部,切得尽量薄。用一只长柄锅将50克黄油熔化,倒入蘑菇干烧15分钟左右。
5. 用漏勺将肉和肉团从汤中捞出沥干,保留汤备用。
6. 用一只小平底锅将剩下的黄油熔化,加入面粉,大力搅拌。不要关火,慢慢倒入250毫升汤,同时不停搅拌约5分钟,直到汤汁变得浓稠。加入肉豆蔻粉。
7. 将肉、肉团和蘑菇倒入浓汤中,撒上盐和胡椒,保温。将千层吐司放到预热至180℃的烤炉中烘烤5分钟,将馅料装入其中,就可立即享用了。

晚宴丰盛之极，可我只是坐着没吃。我什么也不想碰：我的嘴里没味儿。

“您怎么了？”玛尔科问我。

可我却像是一尊塑像似的呆着，惊奇地，默默地，从上到下地把她打量了一遍。

她哈哈大笑。在老远观察我们的迪热内亲也笑了。她的面前放着一只精雕细刻的大水晶杯，灯光在杯体上折射出耀眼的光亮，宛如棱镜闪耀出七色彩虹。她漫不经心地伸出胳膊，斟了满满一大杯塞浦路斯金色佳酿，就是这东方甜酒，我后来在利多荒凉的沙滩上喝的时候，却觉得其苦无比。

“拿着，”她把大水晶杯递给我说，“给您的，我的宝贝。”

阿尔弗雷·德·缪塞（法国）

《一个世纪儿的忏悔》（*Confession d'un enfant du siècle*，1836）

来的时候，他已经在俱乐部吃过饭，吃饭时他从酒店老板杰尔曼那里听到了一些有趣的消息。比如他们已经重新装修了军械库，还给桌球厅换上了新的地毯。他们一边说着这些话，一边品尝着罗西尼菲力牛排和堪称厨师得意之作的肥肉裹鹧鸪片。

"请告诉我，杰尔曼，对于一个只在巴黎待一天的人来说，您会建议我去哪儿？我不想去看宏大的艺术，不想去看悲剧，也不想去安托万剧院。我想去个开心的地方，可以舒舒服服地吃顿饭，同时还可以欣赏一些优美的画作、优雅的舞蹈和美丽的女子。"

里夏尔·欧蒙华（法国）
《玫瑰花开》（*Tout en rose*，1902）

罗西尼菲力牛排

德·圣杰尼叶斯，笔名欧蒙华（Richard O' Monroy，1849~1916），是著名的法国文学报纸《吉尔·布拉斯报》（*Gil Blas*）以及堪称优雅生活参考的杂志《巴黎生活》（*La Vie parisienne*）的记者，创作过近五十部长篇和短篇小说，这些小说统统是以巴黎生活作为故事背景的。

供 4 人享用
食材准备用时：25 分钟
烹制用时：30 分钟

4 块小嫩牛排
4 片肥鹅肝或肥鸭肝
100 克黄油
250 克鸡油菌
150 克胡萝卜
4 片法式乡村面包
150 毫升马德拉酒
海盐
盐、胡椒

1. **制作配菜：胡萝卜去皮，切成约 4 厘米长的小棒；将鸡油菌洗净。用一只平底锅将 50 克黄油熔化，放入胡萝卜拌炒。加 150 毫升水，撒上盐和胡椒，煮 15 分钟。**
2. **与此同时，根据肉的形状对面包片进行修整，去除面包皮。用另一只长柄锅把肥肝片煎一煎，然后关火。用两张铝箔将肥肝片收好备用。**
3. **把鸡油菌放入煮胡萝卜的平底锅中，撒盐和胡椒。拌一拌，加盖，煮 5 分钟。**
4. **用煎肥肝片的长柄锅将剩余的黄油熔化，放入菲力牛排，根据希望的生熟程度，每面煎 3 至 4 分钟。保温。**
5. **在每一个餐盘上摆上一片面包片，把牛排放在面包片上，然后再在牛排上放一块肥肝片。把配菜摆在牛肉的周围，浇上马德拉酒，在肥肝片上放一撮海盐。敬请立即享用。**

科兰推开涂着彩釉的厨房门。厨师尼古拉正在监视仪表板。他坐在一张同样上了浅黄色彩釉的桌前，桌上排列着一些仪表，分别对应着一字排开装在墙上的各种烹饪设备。电烤炉已经设置到烤火鸡的档位，其指针正在“九分熟”和“全熟”之间晃动。就快到火鸡出炉的时间了。尼古拉揌下一个绿色按钮，启动了传感探针。探针轻松地插进了火鸡，这时指针到达了“全熟”的位置。尼古拉赶紧切断了烤炉的电源，并启动了餐碟加热器。

鲍里斯·维昂（法国）
《岁月的泡沫》（*L'Écume des jours*, 1947）

圣日耳曼的爵士火鸡

巴黎的圣日耳曼德佩区拥有的众多爵士夜总会，以及在此表演的音乐人令很多人流连忘返。有西班牙画家埃尔·格列柯（El Greco），有法国演员马塞尔·穆卢吉（Marcel Mouloudji），还有一个来自达弗雷城、毕业于巴黎中央理工学院、痴迷美国黑人小说的年轻工程师：鲍里斯·维昂（Boris Vian，1920~1959）。这个直到生命最后一息都想吹奏小号的人，热爱生活和美好事物，也喜欢让自己笔下的人物大快朵颐，虽然他描绘的菜谱都有些奇异！

供 8 人享用
食材准备用时：前一天 5 分钟，当天 30 分钟
烹制用时：2 小时 30 分钟

1 只重约 3 公斤的火鸡
4 枚干杏
1 片厚厚的熏火腿（200 克）
200 毫升牛奶
50 克黄油
20 克松子
20 克香菜
3 片软面包
盐、胡椒

1. 前一天，将干杏泡在牛奶里。
2. 当天，将烤炉预热至 240℃。将杏子从牛奶中捞出，把软面包泡进去。将火腿切碎，洗净并沥干香菜。将松子、香菜和杏子以及软面包放在一起搅碎，再把火腿拌进去。撒上盐和胡椒。
3. 把上述馅料填到火鸡里，然后将黄油熔化，大量涂抹到火鸡身上。
4. 入炉烘烤 2 小时 30 分钟；其间不时地把滴在接油盘上的汁液浇到火鸡身上。
5. 食用时，请配以马铃薯（以口感紧实的为佳）、板栗胡萝卜西芹泥。还可以把它当作圣诞大餐，一边听着爵士乐，一边尽情享用。

糖渍柠檬箭鱼扒

萨默塞特·毛姆（Somerset Maugham，1874~1965）是一位英国花花公子，他热爱法国（并最终定居于法国）。和香奈尔、海明威、萨特等人一样，他常常光顾恺萨·里兹于1898年创办的里兹酒店。因此，他作品中的主人公为了庆祝和故友重逢以及其中一位的新婚之喜，会邀请他们到这家传奇般的豪华酒店去共进午餐，这也并非偶然。

"我刚到巴黎，"我说，"就听说你跟拉里要结婚了。我向你道喜。希望你们过得非常幸福。……我在巴黎只待很短一段时间，不知道你跟拉里后天能不能到里兹酒店和我一起吃午饭。我还要请格雷、伊莎贝尔和艾略特·谭普顿。"

萨默塞特·毛姆（英国）
《刀锋》（*The Razor's Edge*，1944）

供4人享用
食材准备用时：30分钟
烹制用时：35分钟

4片箭鱼片
50克黄油
200毫升法式酸奶油
2根莴苣
100克酸模
1根胡萝卜
1只洋葱
1个糖渍柠檬
盐、胡椒

1. **洋葱和胡萝卜去皮，切成薄片。用炒锅将黄油熔化，将洋葱和胡萝卜以文火煎十余分钟。加盐和胡椒。**
2. **将莴苣和酸模洗净。将莴苣纵向切成两半，把它们和酸模一起放入炒锅，加盖，烧5分钟，以使菜叶变脆。之后，用漏勺将它们从炒锅中捞出，保温备用。**
3. **将箭鱼片铺在炒锅中，加盖烧15分钟，中途请小心地将它们翻面。**
4. **将糖渍柠檬切片。把奶油倒进一只小平底锅，加热，放入柠檬片，搅拌均匀。**
5. **将箭鱼片装盘，浇上做好的柠檬调味汁，并配上前述两种绿叶蔬菜享用。**

司厨长，好样的司厨长，步履庄重地从配膳房走来了，他端着一个大银盘，上面摆着一条大得惊人的多宝鱼，这样巨大的鱼只有在那些表现捕渔神话的古代画作中才看得到，要是把它摆到舍韦食品商店里，一定会吸引一群孩子挤到柜台前，脸贴着柜台玻璃，看得目瞪口呆。

……

这条巨大的多宝鱼极其细腻、极其美味，鱼身上浇的虾酱说明伯爵先生的厨师一定是从英国咖啡馆学艺出身的，而且学到了真功夫。

弗朗索瓦·戈贝（法国）
《吃饭》（*À table*）
出自《简短故事集》（*Contes rapides*，1888）

虾汁多宝鱼

从当初在参议院当图书管理员，到后来在法兰西剧院做档案管理员，最后成为法兰西学术院的院士，法国诗人弗朗索瓦·戈贝（François Coppée，1842~1908）把巴黎当作自己惟一的灵感源泉，在当时的文坛上获得了非凡的成功。

供 6 人享用
食材准备用时：30 分钟
烹制用时：30 分钟

1 尾 1.5 公斤左右的多宝鱼
200 克对虾虾仁
125 克黄油
50 克面粉
1 块鱼汤固体调料
1 只柠檬
1 咖啡匙红辣椒粉
盐、胡椒

1. **将多宝鱼打理好、掏空内脏；要是您没有菱形烧鱼锅的话，就把鱼骨去掉。将烤炉预热至 180℃。用炖锅将 1 升水烧开，放入鱼汤固体调料，待其溶解。**
2. **用一只与烤炉匹配的深盘将 25 克黄油熔化，将鱼在黄油里滚一下。将一半的鱼汤浇在多宝鱼上，入炉烘烤 25 分钟。**
3. **与此同时，制作酱汁：用平底锅将 50 克黄油熔化。倒入面粉，大力搅拌，然后慢慢将剩下的鱼汤倒入，不要关火，直到酱汁变得浓稠。加入红辣椒粉，撒上盐和胡椒，关火备用。**
4. **将柠檬榨汁。将虾仁、柠檬汁和剩余的黄油装进食物搅拌器，搅打成乳膏状。慢慢地将这种乳膏倒入红辣椒酱汁，轻轻搅拌。**
5. **将酱汁浇在水煮多宝鱼上。请配以绿色蔬菜享用，以提升视觉效果。**

他们三人在旅馆的餐厅吃了饭，侍者在厚厚的地毯上轻轻地走着，这些侍者不像他们最近吃饭时遇到的那些侍者，那些人给他们上菜时脚步又快又重。这儿一家家美国人打量着其他美国人家，想彼此说个话聊个天。

弗朗西斯·斯科特·菲茨杰拉德（美国）
《夜色温柔》（*Tender is the Night*，1934）

美式烩龙虾

从尼可和迪克的身上，不难看到塞尔达和菲茨杰拉德（F. S. Fitzgerald，1896~1940）的影子，还有一位罗斯玛丽，是迪克迷恋的一位年轻女演员……从蓝色海岸到巴黎，这个爱情三角一路经受痛苦、谎言和撕裂的折磨，但这并不妨碍他们多次停歇下来享受美餐。美食应该也是菲茨杰拉德本人的一大爱好，海明威就曾夸赞过他的胃口！他们甚至还吃过一道名为“美式”龙虾的菜品，其实是法国塞特港人皮埃尔·弗莱兹开发的！

供 4 人享用
食材准备用时：30 分钟
烹制用时：35 分钟

2 只活龙虾
1 小盒去皮番茄（200 克）
2 只柠檬
3 根大葱
2 瓣大蒜
1 个炖汤香料包
500 毫升干白葡萄酒
2 汤匙白兰地
6 汤匙葵花籽油
盐、胡椒

1. **杀龙虾：将龙虾腹部朝下放在砧板上，用锋利的刀尖从尾部刺下，沿中线切开。去除黑色的肠子。**
2. **将 4 汤匙油加热，在龙虾上撒上盐和胡椒，用大火每面煎 2 至 3 分钟。倒入白兰地，燃起火焰烧锅。关火备用。**
3. **将大葱和大蒜去皮，切成薄片，放进炖锅中，加 2 汤匙油，煎 5 分钟。撒上盐和胡椒。将去皮番茄搅碎，放入平底锅。把龙虾也放入炖锅。拌炒一下。**
4. **将柠檬榨汁，把柠檬汁、白葡萄酒和香料束放入炖锅。降低火力，加盖煮 15~20 分钟。请趁热享用。**

这个男人一生三分之二的时间的衣着，要么一身黑，要么一身白。在先后担任俄国沙皇和奥地利皇帝的御厨的二十年间，他都是穿着干净而令人放心的白色工作服，戴着圆形蛋糕一样的高帽子，从门缝里看到他忙碌的身影都会令人感到欢喜。四十岁时，他脱掉了白衣，换上了燕尾礼服；所以从四十岁到六十岁，他都是穿着黑色礼服生活的。他游走在餐桌之间，向客人推介鳎鱼、山鹑或甜品，进行全面掌控，给这盘菜加点盐，给那道菜加点糖，他完全可以说他是在餐桌上拥有了整个巴黎。

萨沙·吉特里（法国）
为爱德华·尼尼翁《法兰西烹饪颂》（*Éloge de la cuisine française*，1933）作的序言

海军肉鳎鱼

爱德华·尼尼翁（Édouard Nignon）的厨艺令法国作家兼导演萨沙·吉特里（Sacha Guitry，1885~1957）感动不已……确实，如果说历史上还有哪位厨师能和安东尼·卡莱姆以及后来的杜卡斯齐名，代表着巴黎烹饪的高尚水准的话，那当然是尼尼翁。他曾经担任波泰与夏博酒店以及拉贝鲁斯饭店的大厨。萨沙·吉特里对这位伟大的厨师所表达的敬佩是十分真诚的……

供 6 人享用
食材准备用时：25 分钟
烹制用时：40 分钟

6 块肉鳎鱼排
150 克去壳牡蛎
100 克黄油
250 毫升法式酸奶油
1 小罐虾酱（100 克）
150 毫升白葡萄酒
100 克蘑菇
15 克碎松露
盐、胡椒

1. 将蘑菇洗净，去皮、去根，切成薄片。
2. 用长柄锅将 50 克黄油熔化。撒上盐和胡椒，放入牡蛎，以中火煎 5 分钟。
3. 降低火力，加入蘑菇，拌炒十余分钟，直到蘑菇变干。
4. 用一只小平底锅加热奶油，然后倒入虾酱，大力搅拌。撒上胡椒。
5. 将奶油浇在牡蛎和蘑菇上，搅拌，然后放入碎松露。加盖，保温。
6. 用一口长柄深锅将剩下的黄油熔化，倒入白葡萄酒。将肉鳎鱼片卷起，插上牙签，使它们保持卷筒状。撒上盐和胡椒，以微火煮十余分钟。享用前请拔掉牙签。

朗姆酒水果蛋糕

亨利－奥古斯特·巴比耶(Henri-Auguste Barbier,1805~1882)是一位诗人,也翻译过威廉·莎士比亚的作品。评论起作家同行们的作品时,他是出了名的毫不留情。他在众多讽刺作品中,经常嘲讽巴黎的那些动辄聚集数百名宾客、数十道菜肴的盛大宴会。虽然如此,这并未妨碍他在法兰西学术院的院士选举中击败泰奥菲尔·戈蒂耶,他也没有拒绝为作曲家柏辽兹的歌剧《本韦努托·切利尼》(*Benvenuto Cellini*)撰写脚本……

供 8 人享用
食材准备用时:前一天 15 分钟,当天 25 分钟
烹制用时:30 分钟

250 克面粉,另加 1 汤匙的量用来撒在模具上
3 只鸡蛋
50 克糖
50 克黄油,另加核桃大小的 1 块用来涂抹模具
200 毫升牛奶
250 毫升糖浆
150 毫升朗姆酒或果汁
1 块酵母
十余颗糖渍樱桃

制作糕点奶油用料
500 毫升牛奶
3 只鸡蛋
100 克糖
2 汤匙面粉
1 枝香草

1. 将酵母放在钵中,加 2 汤匙热水溶化。加 1 汤匙牛奶,然后倒入面粉。一直搅拌,直到面团变得柔软光滑、易于造型。盖上布静置至第二天:它的体积将膨胀一倍。
2. 当天,将烤炉预热至 180℃。用一只小平底锅将黄油熔化,将它和鸡蛋、剩余的牛奶以及糖一起揉到面团里。
3. 在萨伐仑蛋糕模子上涂抹上黄油,撒上面粉,然后将面团倒入模子中,入炉烘烤 20 分钟。
4. 与此同时,制作奶油:将香草剖成两半放到牛奶里煮沸。
5. 将鸡蛋打在一只钵中,加入糖,大力搅拌。当蛋液变白时,加入面粉,继续搅拌。然后一边搅拌,一边将沸腾的牛奶倒入,再把它们统统倒进灶火上的平底锅中,大力搅拌 5 分钟左右直到奶油变得浓稠;将香草捞掉。关火备用。
6. 将糖浆和朗姆酒(在无酒精的版本中,可用果汁替代)倒进一只大盘里搅拌。将蛋糕从模子里取出,顶部朝下在酒液中浸泡几分钟。翻转过来再浸泡几分钟。
7. 将蛋糕摆到餐盘上,把糕点奶油倒在蛋糕顶部中间,点缀上糖渍樱桃。

我不去描绘那各式各样
端上来的冷盘和热菜；
波希米亚烤野猪头，
小羊排，巴黎火鸡，
佩里戈尔的黑松露；我也不说
那些餐后的点心，
白煮青豆和草莓冻，
松脆饼、朗姆酒蛋糕、波兰冰淇淋

奥古斯特·巴比耶（法国）
《天使的晚宴》（*Un dîner d'anges*）
出自《讽刺与诗歌集》（*Satires et poèmes*，1837）

摄政王的菠萝糕

“摸摸我的驼背吧，老爷，它会给您带来好运！”到了十七世纪末，法兰西王国陷入了一片绝境。就在围绕着路易十五的继承问题阴谋迭出之时，骑士德拉加戴尔为了保护美丽的奥萝尔的身份，化装成一个软弱的驼背人潜入了摄政王举办的一场奢华的庆典……谁能认出他就是那位著名的骑士，身怀神秘的“讷韦尔剑术”绝技的高手？

供 8 人享用
食材准备用时：20 分钟
烹制用时：25 分钟

1 个新鲜的菠萝（或一大罐菠萝罐头，沥干）
4 只鸡蛋
500 毫升牛奶
50 克黄油
400 克面粉
100 克红糖
2 汤匙糖粉
2 汤匙朗姆酒
1 个石榴用作装饰（可选）

1. **将鸡蛋打在钵里，加入糖粉，大力搅拌使其溶化。倒入面粉，用叉子搅拌，直到形成一种非常柔滑的面糊。然后在不停搅拌的同时，慢慢倒入牛奶，再倒入朗姆酒。**
2. **往一个厚平底锅里装 150 毫升水，加入红糖熔化，直至其呈现漂亮的焦糖色。立刻将锅底浸在冷水里以避免焦糖烧着。将焦糖倒进一个高边模子，并且将它均匀地抹在模子的内壁。**
3. **将烤炉预热至 180℃。把菠萝肉切成小块，放在黄油里用中火煎 10 分钟，不时翻炒。用小漏勺把锅里的内容捞出，保留熬出的糖浆。若您使用的是菠萝罐头，就将罐头里的糖浆倒入，多烧一会儿。**
4. **将一半面糊倒入模子中，然后将菠萝块摆在上面。再将剩余的面糊倒入，将表面抹平。**
5. **往隔水蒸盘里装水，装到蒸盘一半的高度即可，然后将模子放进去。入炉烘烤 25 分钟。**
6. **将蛋糕从模子中取出，淋上菠萝糖浆，点缀上石榴籽。温热时或冷却后享用均可。**

VEFOUR

对表演向来没什么兴趣的摄政王一反常态地将事情做得很精彩。人们说，是这位好心的罗先生为庆典提供了资金，确实如此。不必去说王宫里的那些大厅了，它们为了这场活动被装饰得无比奢华。虽然已经时值深冬，庆典还是主要在花园里举行。……巴黎所有的温室都被调动起来为搭建充满异国情调的灌木花坛出力：那里到处都是热带的花果，仿佛来到了人间天堂。

保罗·费瓦尔（Paul Féval，1816~1887，法国小说家、剧作家）
《驼背人》（*Le Bossu*，1858）

让我们来回忆一下那些巴黎女人吧，其中有几位真正是美貌、气质与智慧齐备的仙子。那些巴黎男人都很精神，有一些很出色，站在大厅里、候见厅里，乃至大楼梯的台阶上，围着糕点和巧克力聊天。而作为一位理想的女主人，一定要能够做到面面俱到，让所有的人满意，不让任何一个人不高兴。

列昂·都德（法国）
《文学回忆录》（*Souvenirs littéraires*，1914~1921）

杏仁小松糕

列昂·都德（Léon Daudet，1867~1942）是阿方斯·都德的儿子，自幼时起就结交了许多作家，还参与创建了龚古尔学院。他是他那个时代文学发展的伟大见证者。文人墨客们在他的回忆录里不期而遇：普鲁斯特、路易－费迪南·塞利纳（Louis-Ferdinand Céline，法国作家）、毕加索与纪德、左拉和福楼拜……他热爱生活，因此在他的回忆录里也不吝篇幅地记载了有朋友佳人相伴的丰盛饮宴，以及上流社会珍馐美馔的考究做法。

制作十几个小松糕
食材准备用时：15 分钟
烹制用时：20 分钟

100 克杏仁粉
100 克糖
50 克面粉
4 只鸡蛋的蛋清
100 克黄油，另加核桃大小的一块用来涂抹模具
盐

1. 将烤炉预热至 180℃。用小平底锅将黄油熔化，稍微烧一会儿待其变成棕褐色，但不要烧到发黑。
2. 把杏仁粉倒进钵中，然后倒入面粉，拌匀。加入糖和熔化的黄油。
3. 往蛋清里撒一撮盐，大力搅拌。将其倒入面糊中，轻轻揉拌，揉成均匀的面团。
4. 在各个模子里涂抹上黄油。将面团分到各个模子里，入炉烘烤 20 分钟。

我非常感谢你们，亲爱的女士们，感谢你们建议我在报纸上发表所有与德·塞兹先生相关的事情。你们是优秀的保皇党人，我也是一个善良的保皇党人：我们应该相互支持，尤其是德·塞兹先生是一个值得尊敬的人，他曾经捍卫我们的国王。我已经感谢过你们送的美味的水果：夏多布里昂太太和我每天吃着你们的栗子时，就要谈起你们。现在，请允许你们的客人亲吻你们。我妻子向你们道谢，而我则是你们的仆人和朋友。

弗朗索瓦－勒内·德·夏多布里昂
（法国）
1820年11月2日于巴黎

夏多布里昂奶昔

作家夏多布里昂（François-René de Chateaubriand，1768~1848）在路易十八时期是保皇党，在拿破仑时代是保皇派，长期担任外交官。随着出使任务的变迁，他的足迹遍布罗马、耶路撒冷，乃至新大陆。但他在《墓外回忆录》（*Mémoires d'outre-tombe*）里，丝毫没有掩饰自己对巴黎的夜晚和奢华的宴会的留恋……

供 4 人享用
食材准备用时：前一天 2 分钟，当天 1 小时
烹制用时：30 分钟

250 毫升鲜奶油
400 克奶油栗子泥
4 枚冰糖栗子

制作 1 公斤栗子泥用料
3 公斤栗子
1 公斤糖
1 枝香草

1. 首先制作栗子泥。前一天，将香草剖开，放在糖里。
2. 当天，将一大锅水烧开。将栗子剖开放到沸水中煮 10 分钟左右。煮好后，将它们从水中捞出冷却，然后去壳去皮。
3. 将糖放到平底锅里，加 150 毫升水，以文火加热。
4. 用配有细网的绞菜机将栗子绞碎（如果您喜欢较大的颗粒，就使用榨汁机），然后将其放入糖中。
5. 轻轻搅拌平底锅中的栗子泥，直到糖完全溶解，然后装入罐中冷却。将罐子放入冰箱冷藏，如果您想将它们保存一星期以上，请先进行杀菌处理。
6. 制作奶昔：先在杯中装入一层鲜奶油，然后在上面铺一层栗子泥；最后在上面摆上一枚冰糖栗子。

帕尔玛公主的草莓

夏尔·斯万是什么样的人？是一个关心亲友（包括威尔士王子在内）的公子哥儿？还是一位艺术爱好者，以至于把自己的宅邸装满了精美的艺术品？或者只不过是一个对轻佻的奥黛特·德·克雷西爱到发狂的男人？不管是虚伪的，还是真诚的，或者是那百无一用却对社会运作不可或缺的巴黎贵族，统统被马塞尔·普鲁斯特（Marcel Proust，1871~1922）收进了他的长篇小说里。他甚至还不惜笔墨对各种水果进行了点评。

供 8 人享用
食材准备用时：
前一天 45 分钟
烹制用时：
前一天 40 分钟

200 克面粉
150 克糖
6 只鸡蛋
200 毫升液态奶油
20 克黄油用来涂抹模具
500 克草莓
250 毫升草莓糖浆
200 克粉红色杏仁膏

<u>制作掼奶油用料</u>
500 毫升鲜奶油
250 毫升冰冷的液态奶油
100 克糖
1 小袋香草糖

1. **将烤炉预热至 160℃，将黄油装在高边的蛋糕模子里，放进烤炉熔化。**
2. **将鸡蛋打在钵中，放入糖，大力搅拌 5 分钟。先后加入面粉和奶油，每一步都要搅拌均匀。**
3. **将熔化的黄油涂在模子里，倒入面糊，烘烤 40 分钟。**
4. **将蛋糕出炉，冷却几个小时，然后将其取出模子，小心地横切成上下两块。把上面一块同样横切成两片。用食物刷给它们都刷上草莓糖浆。**
5. **将液态奶油掼好，加入鲜奶油、糖和香草糖。然后将这样做好的掼奶油的一半抹在切开的蛋糕里。**
6. **将草莓洗净（保留几个作装饰用），沥干，一切为二，一片一片地插在掼奶油上，直到布满掼奶油的表面。**
7. **用剩下的掼奶油将草莓盖住。放上第二片蛋糕片，将蛋糕重新拼好。**
8. **用擀面杖将杏仁膏擀成扁平状，把它盖在蛋糕上。切掉多出的边缘，装饰上预留的完整的草莓，放进冰箱冷藏一个夜晚，再行享用。**

有一天,帕尔玛公主过生日……,他想给她送点水果,可不太清楚该上哪里去订,就托他母亲的一个表妹去办理。这位热心的姨妈写信告诉他,她给他买的水果不是在一个地方买的:葡萄是在克拉波特水果店买的,葡萄是那家店的特色,而草莓和梨分别购自乔雷水果店和舍韦食品店,那里的才是最好的,“每种果子都经过我一一检验。”果然,在收到公主的致谢函后,他得以确信草莓是多么的香,梨是多么的可口。

马塞尔·普鲁斯特(法国)
《去斯万家那边》(*Du côté de chez Swann*,1913)

榛子冰淇淋配华夫饼

马拉美（Stéphane Mallarmé，1842~1898）既是一位严肃的诗人、熟练的英文译者，同样也是一份名为《最新时尚》(*La Dernière Mode*)的女性报刊的主编。当然，这位曾经感慨“肉体真可悲……”的作家在那份报刊上发表文章时常署名为莎丁小姐！那份杂志刊登的主要是对上流社会的生活以及奢华的宴会的描绘、对戏剧演出的评论，还有对大品牌的时装秀的点评。这一切，都曾经是，并且依然是巴黎生活的组成部分……

制作1升冰淇淋以及十余个华夫饼
食材准备用时：35分钟
调制冰糕时间：1小时30分钟
烹制用时：20分钟

制作冰淇淋用料
500毫升牛奶
3只鸡蛋黄
100克法式酸奶油
150克榛子粉
100克粗红糖
几枚用作装饰的榛子

制作华夫饼用料
150克面粉
2只鸡蛋
500毫升牛奶
50克软黄油

1. **制作冰淇淋：将牛奶煮沸，加入榛子粉，将火力关至最小，泡煮15分钟左右。**
2. **将鸡蛋黄与粗红糖放进钵中，大力搅拌至起泡沫。**
3. **将榛粉牛奶倒入钵中大力搅拌，再全部倒回平底锅，加热到奶液变得浓稠，注意不要沸腾。关火，备用。**
4. **搅打法式酸奶油，然后将它倒入榛粉牛奶，同时不停地大力搅拌。**
5. **将做好的奶油倒入冰糕调制器，放入冰箱冷冻。**
6. **制作华夫饼：将软黄油放入钵中，倒入面粉，打入鸡蛋，搅拌。倒入牛奶，同时大力搅拌，直到形成柔滑、没有结块的面糊。**
7. **将烤饼炉加热，然后将面糊烘烤4分钟左右，烤成华夫饼。请根据烤饼炉的不同功率，调整实际的烘烤时间。**
8. **提前15分钟将冰淇淋取出。每个餐盘里摆一块华夫饼，每块饼上放一两个冰淇淋球，并装点上几枚完整的榛子。**

VILLE DE PARIS
Clos Montmart
Appellation d'origi
Cuvée Réservée 1981
N°

第十页。大餐菜单。汤,猎户鹧鸪酱,公主精麦仁。
—马雷内或奥斯坦德产的牡蛎,桃子。
—冷盘:虾,鱼子酱吐司,俄式鲱鱼,熏三文鱼。
—头菜:摄政鳟鱼,戈达尔牛排。
—卢库勒斯兔肠。
—入口菜:苏格兰小母鸡,元帅炖小牛肉。
……
—榛子冰淇淋配华夫饼。
—女主人挑选的甜点。
—咖啡,利口甜酒。

斯特凡·马拉美(法国)
《最新时尚》1894年11月刊

包法利菜泥羹、少女艾尔莎鳟鲑、圣安东尼松露烧鸡、简单的心灵配洋蓟、自然主义冰淇淋、古波葡萄酒、小酒店的利口甜酒。有一天晚上来的客人里，不仅有这三位文豪，还有六位弟子：于斯曼、赛亚尔、艾尼克、亚历克西、莫泊桑和米尔博。

《文学国度》（*La République des Lettres*，1877 年 4 月刊）

自然主义者的完美巧克力冰淇淋

1877 年 4 月 16 日，在位于巴黎圣拉扎尔路和勒阿弗尔街街角的一家饭店里，法国文学向前迈出了一大步，一个前途无量的文学流派诞生了：自然主义。围坐在餐桌边的，毫无疑问有左拉、福楼拜、埃德蒙·德·龚古尔，还有莫泊桑、乔里－卡尔·于斯曼以及奥克塔夫·米尔博（Octave Mirbeau，1848~1917）。

供 6 人享用
食材准备用时：
前一天 25 分钟
烹制用时：前一天 20 分钟

250 毫升牛奶
4 只鸡蛋黄
100 克红糖
1 汤匙玉米粉
150 克烘焙巧克力
250 毫升冰冷的液态奶油
1 汤匙可可粉

1. **将牛奶煮沸。在此期间，将蛋黄和红糖倒在钵里搅拌至颜色变白。**
2. **一边不停地大力搅拌，一边将煮沸的牛奶倒入钵中，再加入玉米粉。再将调好的奶液倒回煮牛奶的锅中，煮至浓稠，但不要煮沸。**
   一旦变得浓稠，就关火，备用。
3. **将巧克力掰成小块放进钵中，倒入前面准备好的奶液中。大力搅拌，直到巧克力熔化。静置冷却。**
4. **使用打蛋器把液态奶油搅打成掼奶油，然后倒入巧克力奶油中。**
5. **将做好的备料倒入蛋糕模子里，放入冰箱冷冻 1 小时，然后再冷藏至少一夜，方可享用。享用前用小漏勺或滤茶罐在上面撒上可可粉。享用这道甜品时，配上一碗英国奶酪，口味更佳……**

徜徉在有关巴黎的文学作品中，经常会与家庭餐桌、亲朋聚会、亮晶晶的锅碗瓢盆和陶瓷餐具不期而遇，它们为作家制造戏剧性转折的情节提供着契机。

在左拉的笔下，把持厨房的总是佣人和厨娘；在俄裔法国作家塞居尔伯爵夫人的作品中，常常可以看到对盛大宴会的描绘；科克托的可怕的孩子们一时兴起坐在坐垫上玩起了过家家；而罗杰·马丹·杜伽尔的蒂博一家人总是一言不发地品尝着饭菜。

在巴黎的家家户户，佳肴美食被千般演绎……

第四章

家常料理

单身贵族的伙食、知己密友的聚会、热热闹闹的家宴，作家们搜肠刮肚地刻画着巴黎的美食与社会生活的关系。应该说，这是一种悠久的历史传统：要是没有美酒佳肴的相伴，就无法想像法国首都会出现那么多文学沙龙和文学圈子。史书记载，热爱艺术的十六世纪贵族玛格丽特·德·纳瓦尔每次接见诗人和音乐家时，都会叫人给他们上波尔多红酒和蜜糕。我们一起来对巴黎的私人餐桌作一番小小的探访吧……

巴黎的单身汉们最大的烦恼，就是在家里吃不到可口的饭菜。所以，在《婚姻生活》这部作品中，乔里－卡尔·于斯曼在描写到新近离婚的安德烈雇佣了一位女佣时十分欣慰："他痴迷于他的女仆做的诱人的甜点。梅拉妮是一位优秀的厨师，为了重新确立自己在家中的影响力，为他准备了一些吮指回味的佳肴、一些用她的独门秘方做的油炸食品、一些令人无法抗拒的调味汁、一些激爽的酸辣酱，还有一些口味上乘的家常菜，比如锅烧小牛肉、蘸芥末的洋葱回锅牛肉、马铃薯炒兔肉配上无与伦比的葡萄酒。"

在《流动的盛宴》中，海明威和他的年轻妻子经常不能吃饱，因此每当这位作家有些收入时，他们要做的第一件事就是吃些美味的小菜："我饿极了，我说，我在咖啡馆写作只喝了一杯奶咖。'写得怎么样，塔迪？''我觉得不错。我希望是这样。我们午饭有什么吃的？''小萝卜，还有上好的小牛肝加马铃薯泥，加上一份苦苣色拉，还有苹果挞。''那么我们就会有力气把全世界的书都读完，甚至有力气在出门旅行时带上它们。'"

在法国首都，流行的是"享受生活"。在英国人都在喝茶的时候，普鲁斯特、莫泊桑、诗人让·洛兰（Jean Lorrain）还有纪德却常常带着读者流连在奢华的宴席间。在科莱特笔下，负责款待客人的，是克洛汀娜的丈夫雷诺："他们在我丈夫那儿抽了很多烟；茶香伴着生姜的味道飘浮在空中——还有那些草莓，那些火腿三明治、鹅肝三明治、鱼子酱三明治——这间暖洋洋的小房间里很快就充满了夜间餐馆的味道！……污渍斑斑的盘子、被嚼了几口扔掉的小糕点、弹在沙发扶手和桌子边缘的烟灰（这些野蛮的客人还真是不客气！）、沾满恶心的混合物的杯子——我就看到有一位留着标志性长发的南方诗人乐此不疲地把橘子汁、白茴香酒、白兰地、樱桃酒和俄国茴香酒掺在一起！"

在有关巴黎的文学作品中，烹饪是一种象征，象征着富有或贫穷，象征着真诚或虚伪。在这一方面，左拉研究得最为透彻。历来都有许多美味佳宴为饕餮客们津津乐道，其中就包括左拉的《小酒馆》（*L'Assommoir*）中在热尔维丝和古波家举行的那场著名的晚宴："简直像一支凯旋的队伍：热尔维丝捧着那只肥鹅，她伸直手臂，脸上渗着汗水，默默地微笑着似春风拂面；女人们跟着她走着笑着；娜娜在队伍的后面，瞪大双眼，踮起脚跟望着。那鹅被放在了桌子上，肥胖焦黄的肉上浇满油汁；大家并不急于动刀叉。人们惊叹之余，竟有几分肃然起敬之意。大家相互对望着，不说一句话，只是不住地点头。”

但人们终究是要把它吃掉的……相反，那些所谓的布尔乔亚们却常常假装富有，死要面子活受罪。对他们来说，面子最重要：“橱子里空空荡荡得叫人心伤，有的只是那种为了桌子上面摆鲜花而买变质肉吃的人家的假奢侈品。那里只有一些空空如也的烫金瓷盘、一只手柄上的镀银已经脱落的面包刷子、一些已经倒干了的油瓶和醋瓶。没有遗留一丁点面包皮、一丁点蛋糕屑，也没有任何残存的水果、糖或吃剩的奶酪。可以感觉得到这位从来没有吃饱过的阿黛尔，因为饥饿，常常把主人们留在盘底的一点点酱汁都舔得干干净净，乃至于把盘子的描金都舔掉了。”左拉在《家常事》（*Pot-Bouille*）中写道。

大仲马和左拉一样热爱美好的食物，在他的作品中也能看到类似的描述。在火枪手波托斯看来，一个在吃的方面吝啬的人是不值得信赖的：“办事员们走后，科克纳尔太太站起身，从一个碗橱里拿出一块奶酪，一些木瓜甜酱，以及一块她用杏仁和蜂蜜亲手做的蛋糕。科克纳尔眉峰紧蹙，因为他看见拿出的菜太多了；波托斯则紧锁双唇，因为他看到没有什么晚餐可吃的。他看看那盘蚕豆还在不在，那盘蚕豆早就不在了。”

巴黎人在各种环境下为了吃而激发的丰富想像给了小说家或电影人很多灵感。比如战争时期的黑市（电影《穿越巴黎》[*La Traversée de Paris*]），比如粮食供应双轨制，再比如在巴黎公社时期巴黎人为了解决吃饭问题而想出的点子：“在这座崇尚当季新鲜时蔬的首都，突然看到这些巴黎人在卖白铁罐头的食品杂货商店门前逡巡徘徊，的确非常讽刺。终于，他们还是下定决心走了进去，出来时，胳膊下面夹着午餐羊肉、午餐牛肉等各种各样想得到和想不到的肉类或蔬菜罐头。这类东西会成为富庶的巴黎的食物，这在从前是不可想像的。”龚古尔兄弟在1870年9月24日的《日记》中写道。甚至有人把巴黎植物园的大象都给宰了做成香肠……

伊卡洛斯总是先起床,他下楼去买一些羊角面包,赊的,还好他的不良支付记录还没有将他的信用破坏殆尽。他回到楼上煮咖啡,独自吃早餐,因为LN还在睡。然后他就阅读那本理性力学论著,越是读不懂他越觉得有意思。接着LN会醒过来,这时他们会嬉闹一会儿,然后开始她的一天,不是吃羊角面包和喝咖啡,而是吃她钟爱的牛鼻色拉,并且喝上几杯她特别喜欢的红酒。

雷蒙·格诺(Raymond Queneau,1903~1976,法国作家)
《伊卡洛斯的飞行》(*Le Vol d'Icare*,1968)

牛鼻色拉

伊卡洛斯是一个非常不安分的角色:他从创作了他的书里逃了出来还不算,还爱上了LN!她是一位填字游戏爱好者,对于早餐的选择有着异于常人的品味!还好,创作他的那位名为于贝尔的作家请了一位私家侦探找到了他。可这一切真的只是小说吗?

供6人享用
食材准备用时:25分钟
烹制用时:10分钟

200克牛鼻
12个口感紧实的马铃薯
2只洋葱
1根大葱
1瓣大蒜
50克醋渍小黄瓜
20克香菜
5汤匙葵花籽油
3汤匙苹果醋
2汤匙干白葡萄酒
1汤匙芥末
盐、胡椒

1. 如果您购买的牛鼻子是整只的,那就先将它切成薄片。
2. 将醋和白葡萄酒倒进钵中,加入芥末,撒盐和胡椒。大力搅拌直到汁液变得稠腻。倒入牛鼻片,拌好,放入冰箱冷藏。
3. 将马铃薯洗刷干净,带皮蒸10分钟。
4. 洋葱、大蒜和大葱去皮,香菜洗净。洋葱切成薄片,其他香料剁碎。全部放进装着牛鼻片的钵中搅拌。
5. 将醋渍小黄瓜纵向切成四条或两条,放到钵中。放入冰箱冷藏。享用之前,再加入葵花籽油。

保姆玛丽叶特把要做的事情记在心上。医生已经不耐烦了。他想要安静一下、放松一下、好好吃一顿。他过来发号施令,给一些必要的钱,又跑回来检查自己的指令是否得到了执行。(伊丽莎白)准备了一些惊喜。她知道保罗喜欢胡椒、糖和芥末。他总是用它们就着面包头吃。……这个布列塔尼女人当然希望他们让她好好做一顿勃艮第的饭菜,但她总是克制住自己,对这些孩子出格的胡闹表现得非常宽容。

让·科克托(Jean Cocteau,1889~1963,法国)
《可怕的孩子》(*Les Enfants terribles*,1929)

可怕的孩子的吐司

蒙马特街,发生了一个不同寻常的故事:热拉尔爱上了伊丽莎白,保罗爱上了阿加特,但伊丽莎白和保罗又彼此相恋难以割舍。外面,巴黎成行的大树飘零着落叶,热情的咖啡馆招呼着顾客,可这些可怕的孩子不愿意走出去,却宁愿待在他们的房间里,偶尔靠一些各种味道的变质饭菜充饥果腹。

供6人享用
食材准备用时:30分钟

1块约500克的姜汁面包
200克猪肝糜
200克蓝纹奶酪或羊乳干酪
1只澳洲青苹果
1只梨子
3根芹菜
3根胡萝卜

制作蜜汁用料
1汤匙芥末
2汤匙蜂蜜
2汤匙油
盐、胡椒

1. **将面包切成1厘米厚的片状,再根据宽度不同切成两到三片。**
2. **给一半吐司涂上猪肝糜。将苹果去皮,切成四块,再从中间横切,然后把每一小块都切成薄片。把切好的苹果片铺在吐司上。**
3. **给另一半吐司抹上奶酪,像刚才切苹果那样把梨子切好,铺在吐司上。**
4. **把芹菜切成5厘米长的棒状。将胡萝卜去皮,纵切成四条。把芹菜棒和胡萝卜条交替相间地立在玻璃杯里。**
5. **将芥末、蜂蜜和油倒入搅拌机。撒上盐和胡椒,搅拌成柔滑的乳液。**

在博尼卡家，星期天吃小肉饼的习惯已经保持了至少二十五年。正午时分，全家大小已经聚在客厅里，这时一记清亮悦耳的门铃声响起，大家都叫起来："啊！糕点师傅来了。"

于是伴着一阵搬椅子的响动、节日盛装发出的窸窸窣窣的声音、孩子们奔向饭桌时发出的欢笑声，大家都围到了对称摆放着小肉饼的银质火锅周围。

阿方斯·都德（法国）
《小肉饼》（*Les petits pâtés*）
出自《儿童故事集》（*Contes pour la jeunesse*，1873）

阿方斯·都德肉饼

蒂雷纳街的苏若糕点店从来不会不履行订单。可在这天，在这个星期天，凡尔赛人攻入了首都，于是伴着这些小肉饼的旅程，阿方斯·都德（Alphonse Daudet，1840~1897）带我们回顾了巴黎公社的整个历史。

制作6块小肉饼（或1块1公斤的肉饼）
食材准备用时：
提前3天，35分钟
烹制用时：
提前3天，1小时（若是1公斤1块的那种，则需2小时）

300克新鲜猪肥膘
200克小牛肉薄片
200克猪里脊肉
1块250克的白火腿
50克黄油
10克松露片
100毫升马德拉酒
1咖啡匙肉豆蔻粉
1咖啡匙胡椒粉
盐

1. **将猪肥膘、猪里脊肉和100克小牛肉切成小块，放进绞肉机里绞1分钟，绞成粗粒的肉馅。**
2. **将马德拉酒倒进色拉盘中，加入一撮盐、胡椒、肉豆蔻粉以及松露片。倒入肉馅，搅拌，覆上保鲜膜浸渍30分钟。将火腿和剩余的小牛肉切成不规则片状。**
3. **将烤炉预热至180℃。在一只大钵或6只小钵里涂抹上黄油。交叉铺上火腿片和小牛肉片，放入肉馅，压紧实。直到将所有配料用完，最后压上重物。**
4. **如果您做的是6块小饼，就烘烤1小时；如果是1块大饼，则烘烤2小时。冷却后，放入冰箱冷藏至少3天。**

伯爵夫人：我饿了！

阿尔诺：她饿了！她饿了！可怜的孩子！

伯爵夫人（发疯般的）：你就没有什么吃的东西吗？

阿尔诺：等一下，我想厨房里还有半只鸡，还有吃剩的马铃薯色拉。

伯爵夫人：马铃薯色拉！啊！一想到它，我就更饿了！去拿来！去拿来！

乔治·费多（法国）

《牧羊女剧场的伯爵夫人》（*La Duchesse des Folies-Bergères*，1902）

牧羊女剧场的色拉

您还记得姑娘克莱维特的奇遇吗？继《马克西姆家的女士》之后，乔治·费多（Georges Feydeau，1862~1921）用他擅长的滑稽剧形式全面地展示了巴黎的生活，尤其是其神奇的夜生活场所。在那个一道道大门砰砰作响的世界里，伯爵夫人们并不像人们想像的那么高贵。

供6人享用

食材准备用时：30分钟

烹制用时：15分钟

4个马铃薯

1棵甜菜

1小罐原味金枪鱼罐头（150克）

1只红洋葱

1根芹菜

1根大葱

十余根醋渍小黄瓜

1汤匙腌渍刺山柑花蕾

10克香菜

10克细香葱

4汤匙葵花籽油

1汤匙苹果醋

盐、胡椒

1. **将马铃薯洗净去皮。蒸或以少许水煮15分钟。待冷却后，切成圆片。**
2. **与此同时，将芹菜洗净切片，洋葱去皮切片，甜菜切成薄片。将大葱去皮，和香菜及细香葱一起切碎。**
3. **将沥干的金枪鱼和腌渍刺山柑花蕾一起放入碗中，用餐叉搅碎。倒入油和醋。撒上盐和胡椒。倒入搅拌器里搅成柔滑的肉酱。**
4. **为了使这道色拉更美观更鲜艳，需要对餐盘进行装饰，以较深的餐盘为佳：将甜菜片、芹菜片铺在盘中，再铺上马铃薯圆片，最后摆上洋葱片。螺旋式倒上金枪鱼酱，再撒上香菜和细香葱，最后再放上切成片的醋渍小黄瓜。**

蔬菜面条

要对巴黎人的饮食习俗进行观察评判，还有什么视角比一位来自月球的居民更好呢？在儒勒·凡尔纳作出地球的这颗卫星上没有生命存在的断言的一百年前，法国剧作家皮埃尔·加莱（Pierre Gallet，1698~1757）就向巴黎人发出了不要奢靡无度的警告：他的月球居民就是一位节俭的典型，他告诉巴黎人，有的时候太多的财富也会造成伤害，他还嘲笑他们在饮食上追求时髦的倾向，不禁令人联想到孟德斯鸠笔下的那个波斯人。

供 4 人享用
食材准备用时：45 分钟
烹制用时：20 分钟

3 棵韭菜
300 克带荚蚕豆
1 根芹菜
2 根大葱
1 瓣大蒜
50 克黄油
1 咖啡匙粗盐
盐、胡椒

制作湿面条用料
200 克面粉（大麦粉、荞麦面、栗子粉等均可）
3 只鸡蛋
3 汤匙葵花籽油

1. 将面粉倒入深盘中，在中心掏一个洞。将鸡蛋打好，倒入洞中，并倒入油和 200 毫升水。揉成充满弹性的面团。如果面团太黏，就再加些面粉。静置，准备配菜。
2. 韭菜和芹菜洗净，大葱和大蒜去皮，均切成薄片。将黄油熔化，然后将这些蔬菜放进长柄锅中以微火煎 10 分钟左右。将蚕豆去荚，加入长柄锅中，接着再烧 10 分钟左右，使蚕豆变脆。拌炒一下。撒入盐和胡椒。
3. 将面团擀开。如果您有面条机，就用面条机将面团切成您想要的形状。如果没有，就用刀尖将面团划成条状。
4. 将至少 2 升水加热，放入粗盐。水烧开时，放入面条煮 3 分钟，然后用漏勺将它们捞起来。
5. 加上配菜就可立即享用了。

一开始，宾客们的目光都盯在他身上。注视着他的一举一动；看到他根本碰都不碰肉食，而只吃面条、蔬菜、素食时，人们心里充满了惊讶；特别是，人们还发现他除了水什么也不喝，而且在喝水时还带着些许厌恶的神情。大概月亮上的水不像我们的水这样污浊吧：阿尔丰纳波诺并没有这样说，因为他忙于应付人们提出的一连串其他的问题；但观察者们注意到了他看着水时的专注神情，说明这种想法正占据着他的心思。

皮埃尔·加莱（法国）

《十八世纪末一位月球居民的巴黎之旅》（*Voyage d'un habitant de la Lune à Paris à la fin du XVIIIe siècle*）

小牛排

啊，巴黎的小市民！许多人都讥讽过他们的吝啬，尤其是在接待客人时的小气。而欧仁·夏维特（Eugène Chavette，1827~1902）从来都不凭空捏造：他的父亲是著名的约瑟夫·瓦歇特，是布雷邦－瓦歇特咖啡馆的老板，招待过巴黎所有的文坛巨匠。所以，他的讽刺作品都是建立在日常观察的基础之上的！

供 4 人享用
食材准备用时：前一天 10 分钟，当天 30 分钟
烹制用时：1 小时

1 块重约 2 公斤的带骨小牛排
4 片猪肥膘或培根
200 克洋菇
250 毫升干白葡萄酒
50 克黄油，另加核桃大小的一块用来煎洋菇
3 根大葱
1 个炖汤香料包
1 汤匙木薯淀粉
盐、胡椒

请把小牛排的骨头剔掉，以便享用时方便切割。

1. **前一天，制作腌汁：将大葱去皮，切成薄片，和白葡萄酒以及香料包一起放进一个大的容器。放入小牛排，加盖，一直腌泡至第二天。**
2. **当天，将牛肉从腌汁中捞出沥干。在牛肉表面涂上大量黄油，裹上肥肉片，用线扎好。如果您有铁扦，就把牛排从骨头连接处（为了避免留下痕迹）串起来，然后放入预热至 220℃的烤炉中烧 1 个小时，其间不时浇上腌汁。将落在滴油盘中的肉汁回收，以制作酱汁。**

   若您没有铁扦，就在牛肉表面以及烤盘上涂好黄油，同样裹上肥肉片，用线扎好，将烤盘放入炉中烤相同的时间。
3. **在此期间，将洋菇洗净、去皮、切片。将洋菇放入长柄锅中用核桃大小的黄油煎十几分钟；撒上盐和胡椒。**
4. **将腌汁滤清，取出香料包。将腌汁倒入平底锅中煮沸，再加入木薯淀粉，大力搅拌，直到汁液变得浓稠。**
5. **将滤出的大葱和洋菇放入，撒上盐和胡椒，以文火炆煮 10 分钟左右。将这样做好的酱汁浇在小牛排上，配上米饭或菜蔬享用。**

GRAND VI
DE
ATEAU LATOU
GRAND CRU
PAUILLAC
1978

太太：你可以把烤肉换成你的波亚克葡萄酒。

先生：可是只有醋渍小黄瓜罐头下酒，那酒就不好喝了。

太太：可是必须要把你的这酒消灭掉了！厨房都不愿意接受它了。你可以告诉他们这是皇帝酒窖拍卖剩下的最后五瓶；这样他们就会觉得自己喝到了琼浆玉液，他们甚至会惊喜地叫起来："好家伙！这老暴君日子过得可真滋润！"这一招百试不爽。

先生（不太情愿）：这样做确实很妙，不过这真没法和烤肉相提并论。还是听我的吧，我们还是把小牛肉烤起来吧。

太太（生硬地）：这么说，你非要把我们的钱浪费了才高兴。

先生：不就是块小牛排的事嘛！你也太夸张了吧。

欧仁·夏维特（法国）

《关于缺点的小喜剧》（*Les Petites Comédies du vice*，1875）

十二点差一刻……今天贝里雄先生就要和太太小姐旅行回来了……昨天我收到了先生的一封信……在这儿呢。(读道)"格勒诺布尔,7月5日。我们将于7月7日星期三中午到达。让要把房间打扫干净,装好窗帘。"(说道)已经做好了。(读道)"他要告诉厨子玛格丽特为我们准备晚饭。叫她烧蔬菜炖肉……放一块不太肥的……另外,因为我们已经很久没吃海鱼了,叫她给我们买一条小小的新鲜的多宝鱼……要是多宝鱼太贵,那就换成一块小牛肉放到锅里。"

欧仁·拉比什(法国)
《贝里雄先生的旅行》(*Le Voyage de M. Perrichon*,1860)

蔬菜炖牛肉

法国著名剧作家、法兰西学术院院士欧仁·拉比什(Eugène Labiche,1815~1888)创作的滑稽人物贝里雄将那种在旅行中一心只想回家的巴黎人刻画得惟妙惟肖。这个人物形象已经成为了法国文化遗产的一部分,他喜欢把一切都安排得井然有序,尤其是他的菜单!

供6人享用
食材准备用时:30分钟
烹制用时:2小时

1公斤牛肩肉
500克小牛胸肉
1根髓骨(可选)
6根胡萝卜
3根欧防风
3棵芜菁甘蓝
2棵韭菜
1根芹菜
1只洋葱
3枚丁香花蕾
盐、胡椒

1. 将牛肩肉和小牛胸肉放进大炖锅,加足够多的冷水盖住肉。煮沸,随时用漏勺撇去浮沫。
2. 与此同时,将欧防风、芜菁甘蓝和胡萝卜去皮,然后将芜菁甘蓝都纵向一切为二。将芹菜和韭菜都洗净切片。将丁香花蕾嵌入洋葱。
3. 当大炖锅煮沸且撇净浮沫时,将肉汤盛出数勺装入另一口炖锅中备用。在烧肉的大炖锅中补上水,放入髓骨和洋葱。将火力调小,炆煮。撒上盐和胡椒,加盖,以中火熬2小时。
4. 将蔬菜都放到另一口装了肉汤的炖锅中煮20分钟左右。
5. 享用时,请配上蔬菜以及蒸马铃薯或面条,同时佐以芥末和蛋黄酱。

布布罗什鳕鱼

布布罗什比鳕鱼还笨？阿黛尔大概就是这么想的，她轻轻松松地欺骗了他八年。他甚至心甘情愿地为这个住在品红大道上一套极其舒适的房子里的年轻女人支付房租。这位一心执着于自己的习惯、一心爱着阿黛尔的布布罗什难以相信她的箱子里或大衣橱里会藏着一个情人！他错了……

供4人享用
食材准备用时：20分钟
烹制用时：30分钟

4块鳕鱼脊肉
2根胡萝卜
1棵韭菜
3根白萝卜
200克蘑菇
60克软黄油
200毫升法式酸奶油
2只柠檬
2汤匙香菜末
盐、胡椒

1. **将鳕鱼块分别放在一张铺了防油纸的长方形铝箔上。在鱼肉上涂好黄油，撒上盐和胡椒。将柠檬榨汁，将柠檬汁淋在鱼肉上。包好铝箔，放到预热至180℃的炉中烤20分钟。**
2. **在此期间，烹制蔬菜：将胡萝卜和白萝卜去皮，切成薄片，韭菜切成小段。先将胡萝卜、白萝卜和韭菜放进水里煮二十几分钟。然后加入切成薄片的蘑菇，继续以中火煮，直到把蘑菇煮熟。**
3. **当水完全烧干时（需要10分钟左右），倒入法式酸奶油，撒上盐和胡椒。**
4. **将鱼块从铝箔中取出，加上蔬菜。撒上香菜末，配上蒸马铃薯或米饭享用。**

男子：八年来，我听着你来来去去、大笑、闲聊、用跑调的歌喉唱《宁静的铁匠》，你的嗓音很好听，说明你内心平和；我听着你给地板打蜡，给挂钟上发条；我听着你满腹牢骚地抱怨鱼肉太昂贵。你是个爱做家务的男人，你心甘情愿地自己去买菜。我说得对不对？
布布罗什：千真万确。

乔治·顾特林（Georges Courteline，1858~1929，法国小说家、剧作家）
《布布罗什》（*Boubouroche*，1893）

厨娘烤鱼饼

有谁会不知道埃德蒙·唐泰斯？他是伊夫堡的著名逃犯，因受人陷害而失去了爱情、财富和名声。他变成了富有的“伯爵”，回到了巴黎的上流社会，一心只想着复仇……但在这部文学巨著中，身为吃货且精通厨艺的大仲马（Alexandre Dumas，1802~1870）还描绘了许多美食场景，它们显然出自他的亲身经验……

供6人享用
食材准备用时：30分钟
烹制用时：45分钟

6块鳕鱼脊肉
4棵韭菜
200毫升鲜奶油
80克黄油，另加核桃大小的一块用来涂抹烤盘
1只洋葱
1瓣大蒜
2枚丁香花蕾
20克香菜
1咖啡匙肉豆蔻粉
5块甜面包干或同样份量的老面包
盐、胡椒

1. 将鳕鱼脊浸在水里。将洋葱去皮，嵌上丁香花蕾，然后把一大平底锅水烧开。
2. 在此期间，将韭菜洗净，切成小段。用一只长柄锅将50克黄油熔化，然后放入韭菜，以文火煎15分钟，不断翻炒。加入肉豆蔻粉，撒上盐和胡椒。
3. 将洋葱和鱼脊倒进沸水里煮十来分钟。然后用漏勺将它们捞出，小心地沥干水分，装进钵中。去掉洋葱，将鱼脊上的刺挑干净。倒入奶油，用餐叉搅拌，把鱼肉搅成碎块，但不要搅成肉泥。大蒜去皮，和香菜一起剁成末，将大蒜香菜末放入鱼肉中。撒上盐和胡椒。
4. 将烤炉预热至180℃。在烤盘上涂好黄油，把一层韭菜铺在盘底，盖上一层鱼肉，再铺上一层韭菜，最后再铺一层鱼肉。
5. 将甜面包干或老面包搅碎，在烤盘中铺撒厚厚的一层。将剩余的黄油刨成刨花状，撒在上面。入炉烘烤30分钟。

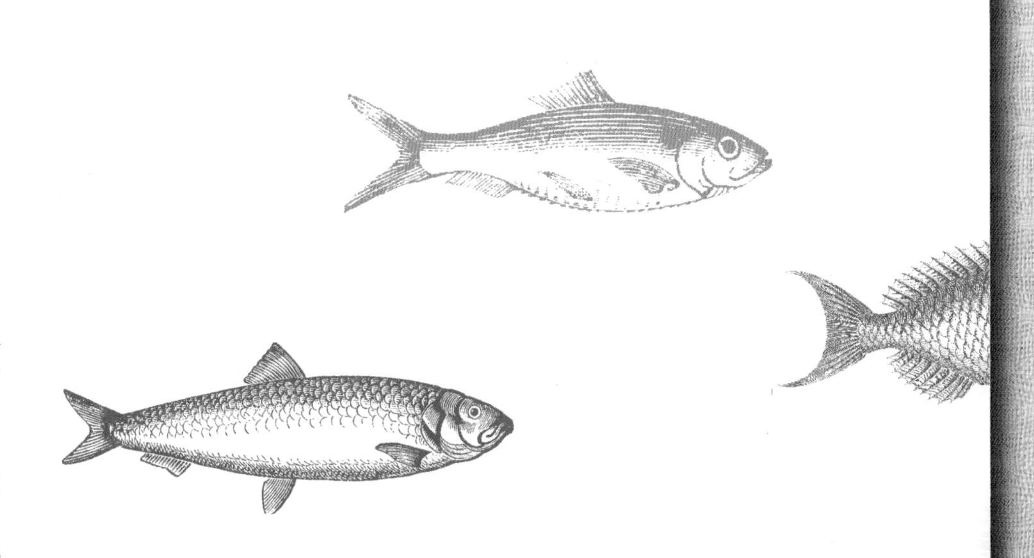

安德烈的确嗅到了饭菜的香味……此外,还有烤鱼饼的香味,而最强烈的,则是那刺鼻的肉豆蔻味和丁香味。这些气味是从两只炉子上的两只盖着的菜碟与一只放在铁炉上的锅里散发出来的。在隔壁的房间里,安德烈看到有一张相当干净的桌子,上面摆放着两副餐具和两瓶酒,一瓶酒的封口是绿色的,另一瓶的封口是黄色的,一只玻璃杯里装有很多白兰地,一只瓷盘上巧妙地堆着几种水果,水果底下还垫着一叶椰菜。

大仲马(法国)
《基督山伯爵》(*Le Comte de Monte-Cristo*, 1844)

“傻婆娘，你能把做法给我吗？奶油之心的做法，给我为十月份请的新厨师？”

“想得美！到这里来做。厨师，看看他做的牡蛎汤和鱼肉酥饼吧！”

……

一直到吃完午饭，她都心不在焉地听他说话。他已经习惯了他的这位乖乖女朋友沉默的性格，能够听到她像妈妈一样说几句日常的责备话，就很满足了：“要挑最熟的面包吃……别加这么多糖……你从来不知道怎么挑选水果……”

科莱特（法国）
《谢里宝贝》（*Chéri*，1920）

奶油之心

谢里要结婚了，他终结了与比他年长二十岁、绰号“傻婆娘”的美丽的莱娅的漫长关系。在科莱特的笔下，莱娅就像她的一位孪生姐妹……但谢里真的能忘却这个教会他爱、教会他生活的女人吗？

供 8 人享用
食材准备用时：25 分钟
烹制用时：40 分钟

200 克面粉
100 克黄油
4 只鸡蛋
250 克新鲜奶酪（比如圣莫雷奶酪）
250 克全脂白奶酪
1 咖啡匙肉桂粉
盐、胡椒

1. 购买一些心形的模子（很容易买到）。将黄油熔化。将面粉倒进钵中，加一撮盐，大力搅拌。加入黄油、150 毫升水，搅拌成均匀的面团。
2. 在面团里加入一只鸡蛋，揉好，在阴凉处静置十余分钟。
3. 将烤炉预热至 180℃。把剩下的 3 只鸡蛋敲开，将蛋黄与蛋清分离。把白奶酪倒进碗中，加入蛋黄和新鲜奶酪。撒上盐和胡椒。大力搅拌成柔滑的奶油。
4. 在蛋清里加一撮盐，打成紧实的雪状，将其小心地加入到前面做好的奶油中。
5. 用手或擀面杖将面团铺在模子里，倒入前述鸡蛋奶油。烘烤 40 分钟，冷却后便可品尝。

玫瑰桃干

缪尼耶神父(L'abbé Mugnier,1853~1944)活跃于上流社会,是很多法国大作家的朋友(以及他们的告解神父……)。他对当时法国文学的影响力比一些出版商都要大。他和让·科克托、保罗·瓦莱里,甚至和路易-费尔迪南·塞利纳都交往甚密,这位"巴黎社交界的告解神父"得以了解了文坛上的各种流言蜚语、各种阴谋诡计、各种勾心斗角。简直叫人感慨这世上有这么多秘密要忏悔!

制作8杯
食材准备用时:
前一天45分钟
烹制用时:
前一天40分钟

8只桃子
500毫升牛奶
6只鸡蛋
100克红糖,另加2汤匙用来煎桃子
50克马铃薯淀粉
30克黄油
1枝香草
250毫升玫瑰糖浆
1咖啡匙琼脂
1升香草冰淇淋
盐

1. **将桃子洗净去皮,一切为二,去掉桃核。香草纵向剖开,牛奶倒入平底锅,加入香草。将牛奶加热5分钟直到煮沸,然后让香草再泡5分钟。**
2. **在此期间,用一只大长柄锅将黄油加热,撒入2汤匙红糖。然后将切半的桃子切面朝下铺在锅中,以文火单面煎十余分钟。**
3. **敲开鸡蛋,将蛋黄与蛋清分离。将蛋黄倒进钵中,加入红糖,用电动搅拌器或手工搅拌至蛋液变白。倒入马铃薯淀粉继续搅拌。**
4. **捞掉香草荚,将煮沸的牛奶倒入蛋液,同时搅拌。然后再将这样做好的奶油放上炉灶烧煮。让奶油沸腾1分钟,同时不停搅拌,然后关火,加盖。**
5. **在蛋清里撒一撮盐,打成紧实的雪状,然后将热奶油倒在上面,轻轻搅拌。**
6. **将玫瑰糖浆倒进一只平底锅,加入琼脂,搅拌均匀。煮沸1分钟,静置冷却,做成玫瑰冻。**
7. **在每个杯子里倒入半杯奶油,然后在上面摆两片切半的桃子,放入冰箱冷藏至第二天。享用时,加上1个冰淇淋球和1咖啡匙玫瑰冻。**

昨天在阿蒂尔·勒瓦瑟尔家吃晚饭。吃了一道美味的桃干，是放在香草冰淇淋上的，配着玫瑰冻，还装饰了几片真的玫瑰叶。风味别致，仿佛龙萨的诗。

缪尼耶神父日记（1914年6月22日）

“你知道吗？米歇尔，”舅舅接着说，“对我而言，郊外不仅意味着树木、平原、溪流、草地，最重要的是要有好空气；然而，在巴黎方圆四十公里之内，再也没有这种空气了！……听我的，咱们还是老老实实地待在家里，紧闭门窗，做一顿尽可能丰盛的午餐吧。”

大伙都依着于格南舅舅的意思行事，不一会儿，主客全部就座用餐，谈天说地。于格南先生一直暗自观察着葛松纳，上甜点时，葛松纳再也忍不住，开口对他说：“说真的，于格南先生，您的样貌真是和蔼可亲……”

儒勒·凡尔纳（法国）
《二十世纪的巴黎》（*Paris au XXe siècle*，1863）

奶油布丁

儒勒·凡尔纳（Jules Verne，1828~1905）为未来的巴黎描绘了一幅可怕的图景：人与机器相依相伴，人们驾驶着奇怪的氢动力汽车，只有到少数坚持认为拉丁语诗歌方为人性本质的抵抗者家里才尝得到传统的菜肴。

供 6 人享用
食材准备用时：前一天 30 分钟
烹制用时：前一天 40 分钟

150 克面粉
5 只鸡蛋
100 克黄油，另加核桃大小的一块用来涂抹模具
1 升牛奶
150 克糖
50 克淀粉
1 枝香草
盐

1. 将面粉倒入钵中，加一撮盐，拌一拌。将黄油熔化，倒入钵中，加 150 毫升水，揉成面团。静置，同时准备配料。
2. 将牛奶倒入一只平底锅中煮沸。将香草剖开，把香草籽刮下来和荚一起放到牛奶中，浸泡十余分钟。
3. 将鸡蛋打在一只碗中，加入糖，搅打至蛋液变白。把香草从平底锅中捞出，将淀粉倒入牛奶中，大力搅拌。将烤炉预热至 180℃。
4. 将热牛奶倒入装着蛋液的碗中，用力搅拌（如果发现有结块，就将蛋奶液倒入搅拌器搅拌），做成奶油。
5. 在高边的蛋糕模子上涂好黄油，用手或借助滚筒将面团均匀地铺在上面。
6. 将奶油倒在面团上，入炉烘烤 40 分钟。奶油布丁烤熟后，静置冷却至常温，然后放入冰箱冷藏至第二天享用。

萨伐仑奶油水果蛋糕

伊诺桑(Innocent,意为"天真")和珊普丽茜(Simplicie,意为"单纯"):光从这两个名字,读者就能猜到,在塞居尔伯爵夫人残忍的笔触下,这两个小傻瓜在巴黎的旅居生活不可能风平浪静。在这座大城市里,数不清的陷阱在等着他们:他们一个也躲不过。备受嘲笑、举止乖张的索菲·德·塞居尔(Sophie de Ségur,1799~1874)是在通过这样的方式与巴黎的上流社会算账。不过,她从来没有抛弃她的一大爱好——美食。而且她把自己的这种爱好赋予了她笔下的所有人物,包括最傻的那几个!

供 6 人享用
食材准备用时:40 分钟
烹制用时:35 分钟

3 只鸡蛋
50 克面粉
50 克糖
50 克黄油
150 毫升果汁、糖浆或利口甜酒(任选一样)
150 克各色糖渍水果
100 克糖渍樱桃
1 咖啡匙酵母

制作蛋糕奶油用料
500 毫升牛奶
3 只鸡蛋
100 克糖
2 汤匙面粉
1 枝香草

1. 将烤炉预热至 160℃。首先制作萨伐仑蛋糕:将一大平底锅水烧开,把它当成隔水炖锅。当水沸腾时,把一只碗放到平底锅里。将面粉和酵母先后倒入这只碗里,大力搅拌,加入糖。
2. 将鸡蛋逐一敲开倒入碗中,然后搅拌,在这个过程中不要将碗从平底锅中取出。
3. 在萨伐仑蛋糕模子里涂上大量黄油,然后将面糊倒入模子。将表面抹光滑,入炉烘烤 25 分钟。
4. 制作奶油:将香草一剖为二放入牛奶中煮沸。将鸡蛋打在一只碗中,加糖,大力搅拌。当蛋液变白时,加入面粉,继续搅拌。
5. 将煮沸的牛奶慢慢浇在蛋液上,同时不停搅拌,然后再将蛋奶液重新倒回锅中烧 10 分钟左右,同时一直大力搅拌至奶油变得浓稠。关火,静置备用。
6. 蛋糕烤好后,立刻将其从模子中取出,放到餐盘上。您可以根据自己的喜好,浇上果汁、糖浆或利口甜酒,或者什么也不浇,让它保持原味。
7. 享用时,将做好的奶油倒在蛋糕中央,装点上各色糖渍水果。

警察后退,给珊普丽茜和博金斯基让出路来。他们俩就朝着皇家桥和学业街的方向走去了。博金斯基得意地回到小房子,普吕当斯、伊诺桑和高兹正在那里满心忧愁地等着他。看到珊普丽茜回来了,他们都高兴得叫起来;普吕当斯紧紧地拥抱她,让她都透不过气来;伊诺桑对她显得比任何时候都温柔。高兹,一看到她,就开心得跳了起来,抱起她,又把她抱到普吕当斯的怀里。他们派博金斯基去通知德·鲁比耶太太珊普丽茜回来的好消息。普吕当斯想做一顿美餐来庆祝这件幸福的事情;她给他们做了一块美味的蛋糕当作晚餐,蛋糕上涂着香草奶油,摆了一圈糖渍水果;她还加了一瓶麝香白葡萄酒以庆祝伊诺桑回家和珊普丽茜的回来。他们邀请博金斯基一起吃晚饭;后者就美美地大吃了一顿,然后就回庞贝克夫人家去了。

塞居尔伯爵夫人(法国)

《两个傻瓜》(*Les Deux Nigauds*,1862)

双球奶油夹心泡芙

乔治·杜华野心勃勃，为了成功不惜出卖身体。因为，实际上，这个漂亮男人除了讨女人的欢心，别无所长。不过，他把她们当作阶梯向着上流社会，向着名望，向着权力攀爬，他为了娶到女儿而引诱母亲，他把一颗颗破碎的心轻巧地踩在脚下，到头来，他却发现上当的原来是自己！

制作 8 个泡芙
食材准备用时：45 分钟
烹制用时：30 分钟

制作泡芙用料
200 克黄油，另加核桃大小的一块用来涂抹烘焙盘
250 克面粉
7 只鸡蛋
30 克香草糖
盐

制作奶油用料
500 毫升牛奶
1 只鸡蛋，另加 2 只鸡蛋黄
100 克糖
50 克玉米粉
35 克速溶咖啡

制作糖衣用料
100 克糖衣
1 咖啡匙速溶咖啡

1. 首先制作泡芙：将黄油放在平底锅中熔化，然后倒入 250 毫升水，撒上一撮盐；手工大力搅拌至稠腻。用文火煮，慢慢倒入面粉，然后当备料与锅壁分离时，关火，将鸡蛋一一敲开倒入，同时大力搅拌。最后加糖。这时面糊看上去应该呈现有一点黏的面团状。
2. 将烤炉预热至 240℃。在烘焙盘上抹上黄油，然后用一只汤匙，把面团挖成一个个两种大小的面球铺在盘上。注意大面球和小面球的数量要一样多。入炉烘烤 15 分钟，不要打开炉门，否则面球会塌掉。
3. 制作奶油：将牛奶、玉米粉、咖啡、糖、鸡蛋和蛋黄倒入碗中，然后手工或用搅拌器（您可以把所有的材料放进搅拌器的容器中）大力搅拌。
4. 将搅拌好的混合液倒入平底锅中，以文火加热，同时用木铲搅动，直到约 5 至 10 分钟后奶油变得浓稠。然后关火。
5. 将烤好的泡芙出炉，用尖刀在它们的底部挖一个洞。用拉花挤奶油器把奶油挤到洞里。
6. 加热糖衣，加入速溶咖啡，搅拌均匀。
7. 把泡芙的另一端在糖衣液里浸泡一下，然后将每个小泡芙都叠放在一个大泡芙上，静置冷却。请在当天享用。

他冲进屋内。警长摘下帽子，跟了过去。丧魂失魄的玛德莱娜，举着蜡烛，走在后边。他们穿过餐厅时，只见餐桌上杯盘狼藉：除了几块吃剩下的面包和几个喝干的香槟酒瓶，还放着一个鸡的空骨架和一瓶打开了的鹅肝酱。餐具架上放着两个装满牡蛎壳的盘子。……壁炉上放着杂物：一个点心盘、一瓶查尔特勒产甜酒和两只酒杯，杯内的酒只喝了一半。

居伊·德·莫泊桑（法国）
《漂亮朋友》（*Bel-Ami*，1885）

苹果杏仁馅饼

女画家玛丽·巴什基尔采夫(Marie Bashkirtseff,1858~1884)虽然抗拒,但还是无可救药地爱上了莫泊桑。她坚持不懈地用一封封充满谐趣、洋溢才情的书信向他展开追求,向他示爱,得到了作家先生同样的回应。这位年轻姑娘还是一个顽固的吃货,钟爱巧克力和尼斯风味,经常光顾巴黎的各家糕点店,在它们的柜台边流连。她甚至把它们全都画在了一本她一直随身携带的小本子上,从不离弃……

供 6 人享用
食材准备用时:30 分钟
烹制用时:35 分钟

4 只青苹果
150 克糖
50 克杏仁粉
50 克黄油
1 只鸡蛋黄
1 汤匙淀粉
1 汤匙香草粉
苹果冻(可选)

<u>制作面团用料</u>
200 克面粉
100 克黄油,另加核桃大小的一块用来涂抹模具
1 只鸡蛋
20 克糖

1. **首先制作面团:将面粉和糖先后倒入碗中。将黄油熔化,把它和鸡蛋都倒入碗中。揉成均匀的面团。静置,同时制作配料。**
2. **在一口深锅里倒入 30 毫升水和 100 克糖。加热 5 分钟左右,直到糖全部溶解。用刨子刨掉苹果皮(比用刀削要美观些),将苹果一切为二,苹果芯掏空。将苹果的切面朝下浸在糖汁里,以小火煮 10 分钟左右。**
3. **将杏仁粉和淀粉放进一只碗中搅拌,加入鸡蛋黄、剩下的糖以及香草粉。将黄油熔化,倒入碗中,用餐叉搅拌。做成杏仁奶油。**
4. **将烤炉预热至 180℃。在馅饼模子上涂好黄油,把面团铺在上面。在面团上涂上杏仁奶油。把苹果切面朝下摆在奶油上,入炉烘烤 35 分钟。**
5. **若想使馅饼看起来更具专业水准,请在享用前浇上一层苹果冻。**

致 M 先生(指莫泊桑),巴黎拉尔马大道 67 号:

亲爱的先生,我迫不及待地想让您放心。糕点都送到了,非常棒,我们感谢您;它们太精美了,我们禁不住想把它们装进画框里收藏起来。

玛丽·巴什基尔采夫(俄国)
《书信》(1878)

午饭时,安德烈刚把从食杂店买的醋栗果酱抹在面包上,这果露就顺着面包干滴落下来,像一颗颗黏黏的红色眼泪。安德烈按了铃,当女仆把咖啡给他端来时,他吩咐她,以后出去买果酱时,可以买樱桃果酱、李子果酱、杏子果酱、梨子果酱,或者任何她喜欢的果酱,就是不要买醋栗果酱和蜜饯果酱……

乔里 - 卡尔·于斯曼(法国)
《婚姻生活》(*En ménage*,1881)

巴黎单身贵族的果酱

如果看到从食杂店购买的各式果酱,那一定是来到了巴黎单身汉的家中……确实,在离开了欺骗自己的妻子后,安德烈的身边只剩下了一位女仆,生活品质一落千丈。至少在乔里 - 卡尔·于斯曼看来,现实就是这样无情……

樱桃果酱

制作 6 罐,每罐 250 克装
加工及烹制用时:
1 小时 30 分钟

1 公斤去核樱桃
750 克糖

1. 在一只厚底平底锅里加 500 毫升水,将糖熬化,沸腾 15 分钟。然后将樱桃倒入,以中火熬 1 小时,不时翻动。熬好后,冷却一会儿,用两根手指捏住一个樱桃看看是否粘手,粘手就说明熬制成功。
2. 装罐,冷却后密封。

醋栗果冻

制作 8 罐,每罐 250 克装
加工及烹制用时:
50 分钟

3 公斤红醋栗
每公斤果汁配 1 公斤糖

1. 将醋栗洗净沥干,放入一只厚底平底锅,加 200 毫升水,用中火煮。用漏勺一直搅动,将果子搅碎,直到沸腾。保持沸腾 3 分钟后,关火。
2. 将果汁滤清,称一下重量。按比例准备好适量的糖,将果汁趁热倒入一只大碗,将糖慢慢撒进去,边撒边用木勺搅动,使糖逐渐溶化在果汁中。每公斤糖需要撒 15 分钟。撒完后继续搅 5 分钟。装罐,然后等待 12 小时再加盖密封。

塞纳河畔的乡间酒馆迎送过莫泊桑笔下的众多角色；毗邻森林的小旅舍招待过记者神探鲁雷达比耶以及亨利·詹姆斯作品中的许多人物；而在梅当城堡，戏剧演出的声音还在莫里斯·梅特林克为蕾妮·达翁（Renée Dahon）建造的剧场里回响。在米伊拉福雷，让·科克托闲适地沐浴着地中海的阳光；在布日瓦勒，俄国作家伊万·屠格涅夫（Ivan Tourgueniev）在自己乡间别墅的阳台上吹着习习凉风。而在梅当，左拉的家中从来都不会冷清，这不仅仅因为他总在那里笔耕不辍，更有一拨拨的作家们纷至沓来品尝他妻子亚历山德琳的高超厨艺……

第 五 章

塞纳河畔乡野风味

逃离巴黎这座大都市时而令人感到窒息的奢华，到郊外市镇去放松放松心情，到乡间酒馆去喝喝酒，到风笛舞会去跳跳舞……到远离喧嚣的宁静郊区去住上一段时间。不是说巴黎总是魂牵梦萦之地吗？但它的喧闹和浮华确实让不少艺术家感到了疲惫，所以他们纷纷跑到巴黎的东郊去划船，还有的干脆跑到市郊定居下来。也正因为如此，自然主义的小说家们才对那些朴素的小饭店、马恩河或塞纳河畔的小酒馆情有独钟。其中最有名气的一家，当属因印象派画家莫奈的一幅画作而声名远播的蛙塘酒馆（La Grenouillère）。当然，人们也不会忘记神探梅格雷曾经在二文钱酒馆（La Guinguette à deux sous）里追捕凶犯。不过，千万注意要避开那些售卖劣质烧酒的粗陋酒店。

一提到乡间酒馆，人们就会联想到作家们一出巴黎城就趋之若鹜的鳗鱼炖、炒兔肉和油炸塞纳河鱼。这些小酒馆最早大概出现于十七世纪末，当时集中于蒙马特、贝尔维尔等村庄，当然这些村庄后来就被快速扩张的城市吞并了……在莫泊桑的作品中，塞纳河畔对于女性市民的道德来说，是暗藏危险之地；而在福楼拜的笔下，它们则是首选的日常散步之所："一个星期天，他们一大早就开始走路，经过默东、贝尔维、苏莱纳、欧特依，一整天他们都在葡萄园里漫无目的地游逛。他们在田埂边上连根拔除丽春花，在草地上睡觉，在农舍的刺槐树下吃饭，喝牛奶，直到很晚才回到城里，尽管满身尘土，筋疲力尽，却欣喜若狂。他们经常重复进行这样的散步。"他在《布瓦尔和佩居榭》中写道。

法国小说家兼电影导演米歇尔·齐瓦柯（Michel Zévaco）在《帕达扬人》（*Les Pardaillan*）中则描绘了一位向往世俗生活、一心只想吃喝的教士："'吕班兄弟，'那修士严厉地说道，'我们尊敬的院长圣信索尔班主教允许你离开修道院到这家小饭馆来大吃大喝吗……''现在，给我在那儿，在这大厅的门前支一张饭桌，因为我觉得有些饿了。'你要我拿什么来给你吃呢，我亲爱的兄弟？''就来点平常的食物吧：半只鸡、一份油炸塞纳河鱼、一块肉饼、一份煎蛋和一些果酱，还有四瓶安茹葡萄酒……'这修士就这样在门前坐定，任何人没有他的同意都无法进入。"

相比茹万维尔港口那些喧闹嘈杂而又酒气熏天的酒馆，还有些作家更喜欢一些不那么热闹的场所，可以豪华一些，但是一定要安静。这些名士中，有许多都在城外不远不近的地方兴建了自己的宅邸，与城市保持着若即若离的关系。这些建筑构思奇巧，有的像独踞危崖的鹰巢虎穴，有的似富丽堂皇的巍峨宫殿，无一不体现了居于其中的主人的才情，并把巴黎的生活艺术带到了郊区。大仲马在玛丽港口建造了基督山城堡，左拉搬到了梅当定居，莫里斯·梅特林克买下了亨利四世的狩猎园林，让·科克托则在米伊拉福雷购置了房屋……而巴黎的精神也随着他们来到了这些地方。比如，在梅当左拉家的厨房里，铺贴了巴黎人装潢厨房爱用的蓬雄瓷砖。"左拉，你是不是有些好吃?”有一天埃德蒙·龚古尔问道。“是的……这是我惟一的缺点;要是我家里没有好吃的东西,我就会不高兴,真的很不高兴。”

对于这些文人来说,厨房变得和客厅一样重要。在巴黎,让·科克托只能把那间局促的厨房当作客厅,用来接待客人。而在米伊拉福雷村,这位《可怕的孩子》的作者家中的厨房足足可以挂开他的三十二幅自画像。这个村子里有他爱吃的东西。“那时,小店里出售那种大纸盒的一公斤装的薄荷糖。让·科克托经常来买。他还会购买胡椒薄荷,那是米伊当地的一种特产作物,可以用来泡茶。”在于盖特·勒博(Huguette Le Beau)的《让·科克托在我们中间》(*Jean Cocteau parmi nous*)一书中,当地的草药师莫里赛特·克莱克回忆道。

在沙特奈－马拉布里,夏多布里昂创作了他的《墓外回忆录》,在作品中他不止一次地提到了宦海浮沉给他留下的美食记忆:“我被打发出来的那天,本来要在内阁请很多人吃晚饭,我只好派人去向宾客致歉,并且把为四十位客人准备的三大桌饭菜移到我的只有两名师傅的小厨房来做。蒙米莱尔厨师带领助手开活,把锅子、盆子、烤肉时接油的盆子摆满了各个角落,把他的拿手好菜放在安全的地方回锅。”在塞纳河畔维莱纳,有一间非常漂亮的小客栈,如今已经成为了纪念诗人马拉美的博物馆,里面收藏着他的日记《最新时尚》,其中有一篇题为《家庭晚餐》(*Dîners de famille*)的菜谱:“热尔米尼汤。黄油虾、凤尾鱼和橄榄。荷兰鳕鱼、布列塔尼腌臀尖、番茄酱小牛胸腺。烤鹧鸪、莴苣色拉、奶油黄瓜、小盒装巧克力蛋奶酥。”

法兰西岛大区的特产更是启迪了许多作家。首屈一指的便是布里干酪。十七世纪的诗人圣－阿芒(Saint-Amand)曾经不乏幽默地夸赞它的品质:“多么稀奇的美味!/在我钟爱的它的旁边/神的甘露不过是粪便!/噢,你是酒神的佳酿/乳酪,你真是值钱!/只要一想起你/就勾起我畅饮的欲望。”还有中世纪厨房里珍贵的普罗万特酿玫瑰花瓣蜜饯,还有在让－雅克·卢梭家附近生长的蒙特莫朗西樱桃。环绕着法国首都的神秘地带依然在为那些一心想要“吃得绿色”的艺术家和作家们提供源源不断的灵感!

保罗伸出胳膊让阿琳娜挽住，于是两人快步地走起来，将其他人远远地抛在身后。倒不是因为孔岑老爹的露台或他做的酥脆的炸鱼吸引着他们。不，是他们刚刚听到的优美诗句带着他们飞上了云端，还没有落下来。保罗从来没有觉得自己像现在这样幸福。

阿方斯·都德（法国）
《快乐的一家》（*La Famille Joyeuse*, 1877）

油炸鱼

快乐的阿琳娜被自己的父亲和三个妹妹叫做“好妈妈”，她为了照顾家人而放弃了结婚。每天给家人做饭，照料三个妹妹的学业和身体，便（几乎）足以让她感到幸福。不过阿方斯·都德总是喜欢为他笔下的人物安排皆大欢喜的结局——赛甘先生的山羊是个例外——于是阿琳娜遇到了天才诗人保罗，于是在她的眼中塞纳河荒凉的河岸地带变得仿如香榭丽舍大街般灿烂。

供 4 人享用
食材准备用时：20 分钟
烹制用时：30 分钟

500 克胡瓜鱼
200 克面粉
1 锅油炸用油
盐、胡椒

1. **将胡瓜鱼放在筛箩里洗净，挑掉残缺不全的鱼。用抹布将鱼擦干。**
2. **把面粉倒进一只大色拉盘，然后把鱼倒进去，轻轻拌动，使每条鱼身上都裹满面粉。**
3. **将油烧热，然后将鱼一条条放入热油中，炸 5 分钟左右，一直炸到色泽金黄。用漏勺将它们捞出，放在吸油纸上沥干。撒上盐和胡椒。**

请趁热品尝，您可以根据自己的喜好配上少许蛋黄酱和几片柠檬。

列昂乖乖地喝了个饱：餐桌上其他人还没有来得及尝到，他就已经把汤喝完了。“妈妈”，他拿着漏勺叫道，“三年来我都没有喝到这么好喝的汤！”

听到这话，雷诺太太高兴得脸都红了，戈冬乐得把什么东西都给打破了；她们都觉得这孩子这么说是在恭维自己。其实他说的是实话。在这个世界上，有两样东西是男人在自己家外难以找到的：第一样就是一碗好汤，另一样则是一份无私的爱。

埃德蒙·阿布（法国）
《耳朵破了的人》（*L'Homme à l'oreille cassée*，1862）

菜丁肉团汤

想像一下，如果您在沉睡了四十六年之后突然醒过来，发现自己置身于枫丹白露的一处宁静的寓所里，那会是何等惊奇。其实，富加斯得以复活，多亏了大胆的列昂。在法国小说家埃德蒙·阿布（Edmond About，1828~1885）的笔下，列昂是一个充满好奇心、喜欢奇遇的人物，而且还非常爱喝汤。

供 6 人享用
食材准备用时：30 分钟
烹制用时：25 分钟

2 根胡萝卜
2 只洋葱
2 根白萝卜
1 棵韭菜
1 根芹菜
1 块固体浓缩鸡汤料

制作肉团用料
200 克鸡胸肉
150 毫升牛奶
1 只鸡蛋黄
1 片软面包
肉豆蔻
盐、胡椒

1. **制作配菜：将胡萝卜、洋葱和白萝卜去皮，切成丁。将韭菜和芹菜洗净，切成小段。**
2. **在一口大炖锅里加 2 升水，放入固体汤料，使其溶化。当水烧开时，将所有蔬菜倒进去，炆煮 15 分钟左右。**
3. **在此期间，制作肉团。将软面包泡在牛奶中，把鸡胸肉切成块。将它们都装进搅拌器，绞成泥状。加入蛋黄，撒上盐和胡椒，撒一撮肉豆蔻粉。**
4. **用汤匙把肉泥搓成小肉团。用平底锅将一锅水烧开，把肉团放进去煮 10 分钟。**
5. **在上菜时，每一碗菜丁汤里放 3 或 4 个肉团。请配以烤面包片享用。**

塞纳尔笋瓜圆面包

弗朗索瓦爱着玛尔特，可是玛尔特已经结婚了，而且她的丈夫是在前线战斗的士兵。谁能想到，这样一部充满青春、爱情、战争与悲剧的小说的作者雷蒙·拉迪盖（Raymond Radiguet，1903~1923）竟然是一个十九岁的年轻人。要浪漫，就不能顾虑太多；弗朗索瓦告诉妈妈自己要和一位朋友出去远足，他的算盘打得很如意，却不期然被他妈妈搅了局……还不得不把篮子放到灌木丛后藏起来。

制作 6 个圆面包
食材准备用时：前一天 30 分钟，当天 15 分钟
烹制用时：30 分钟

300 克全麦面粉
5 只鸡蛋
150 毫升牛奶
150 克软黄油，另加核桃大小的一块用来涂抹烘焙盘
150 克熏胸肉
1 小袋面包酵母
1 咖啡匙盐

1. 发面：将 75 克面粉、酵母和一半牛奶倒入一只碗中，轻轻搅拌成一个柔软的面球。往锅里倒 500 毫升水加热，当水烧温时，把发酵面球浸进去：1 小时后，它的体积将膨胀一倍。

2. 之后，将剩下的面粉倒入一只大碗，倒入剩下的牛奶，再加盐。将 4 只鸡蛋逐一打入，同时搅拌均匀，避免出现结块，再将发酵面加进去。揉面团，将其掀起折叠，拉成长条，把黄油一点点抹在面团上。接着揉面团，揉均匀后，将它放到碗中，盖上一块布。静置到第二天：它的体积又会膨胀一倍。

3. 第二天，将笋瓜洗净切片，然后将熏胸肉切成丁。将肉丁均匀地和到面团中去。

4. 将烤炉预热至 200℃。做 6 个圆面包，然后将笋瓜片间隔均匀地塞进面包，仅露出笋瓜片的一头。

5. 在烘焙盘上抹好黄油，把面包放在上面。将最后一只鸡蛋打在杯中，用食物刷涂在面包表面。入炉烘烤 30 分钟，然后您就可以带着面包去野餐了！

晚饭时,我告诉父母明天我要和勒内一起到塞纳尔森林里去远足。……我刚把这个消息告诉妈妈,她就想亲手为我准备一篮路上吃的东西。我呆住了,这只篮子完全摧毁了我这次行动的浪漫而崇高的诗意。我一直在想像中品味当我走进玛尔特房间时她那惶恐的样子,可现在我想到的却是她看到她的白马王子胳膊上挽着一个篮子出现在她面前时爆发出狂笑。

雷蒙·拉迪盖(法国)

《魔鬼附身》(*Le Diable au corps*,1923)

他们来到一家用木板搭建的农家饭店门前。每到星期天,这里就宾客盈门,这些人都热衷于在草地上嬉戏,也喜欢一边听着留声机一边吃着冷盘。

乔治·西默农(比利时)
《阿弗尔诺斯的客人们》(*Les Clients d'Avrenos*,1935)

农家水芹色拉

是什么样的缘分把十八岁的女舞蹈教练努奇和四十多岁的被人们当作外交官的法国人贝尔纳·容萨克结合在了一起?在他们看似无忧无虑漂泊的表象下,藏着什么样的秘密?乔治·西默农在作品中构建了一个逼真的巴黎地区,指挥着这些怀揣许多秘密的人物按照他的节奏起舞。

供4人享用
食材准备用时:30分钟
烹制用时:8分钟

400克水芹(一般是3捆)
3只鸡蛋
100克松子
3汤匙葵花籽油
1汤匙苹果醋
1咖啡匙芥末
盐、胡椒

1. 加热一锅水。水烧开时,小心地将完整的鸡蛋放进去,煮8分钟。
2. 将水芹洗净,仔细地脱水。
3. 用一只色拉盘来准备调味汁,倒入油、醋和芥末,搅拌。撒上盐和胡椒。将松子和水芹放进去。
4. 将鸡蛋剥壳,把蛋黄和蛋白分离,把蛋白切成小块。放入色拉中,拌好。把蛋黄压成泥。
5. 将色拉装盘,撒上蛋黄泥,即可享用。

当然,在这种传统做法之外,您尽可以发挥想像力,加上几块苹果、甜菜、羊乳干酪,也可以加上一些干果,比如核桃、榛子、杏仁……

鲁雷达比耶接过她端来的放着鸡蛋的碗和放着肉的盘子，小心地放在身边的壁炉里，取下悬挂在炉膛里的煎锅和烤架，开始煎鸡蛋饼，同时他让店家给我们烤牛排。他还向店主要了两大瓶苹果醋。看起来，他并没有特别留意店主，同样店主也似乎没有特别留意他。不过店主有时会盯着他，有时会看着我，神情里有一丝难以掩饰的不安。他让我们自己做饭，把我们的餐具摆到靠近一扇窗户的位置上。

加斯东·勒鲁（法国）
《黄色房间的秘密》（*Le Mystère de la chambre jaune*，1907）

鲁雷达比耶煎蛋饼

是谁想杀斯唐杰森小姐？袭击者如何能从门窗紧闭的房间里逃脱？这便是年轻记者约瑟夫·鲁雷达比耶要破解的问题。这些情节均出自加斯东·勒鲁（Gaston Leroux，1868~1927）所著的传奇侦探小说。而在圣热讷维耶沃－德布瓦附近的格朗迪耶城堡，那间黄色房间的百叶窗似乎在嘲笑着这位未来的大侦探。只有一点可以确定："神甫没有失却魅力，花园也未丧失光华。"

供 4 人享用
食材准备用时：15 分钟
烹制用时：15 分钟

8 只鸡蛋
30 克黄油
2 汤匙鲜奶油
1 片猪肥膘
胡椒

1. **用一口高沿平底锅将黄油熔化，均匀地覆在锅内。**
2. **打开鸡蛋，手工或用电动打蛋器搅打至蛋液发泡。一边搅打一边倒入奶油。撒上胡椒。**
3. **将蛋液倒入热锅，降低火力。将肥膘切成薄片，均匀地摊在煎蛋上。**
4. **煎炒过程中，注意把还未熟的部分轻轻地翻炒到已熟部分的下面，这样可以使它看上去更具乡土气息。**

在享用时，您可以根据个人喜好，将煎蛋折起来或卷起来，还可以配上一盘美味的色拉，比如菠菜色拉或野苣色拉。

一位女服务员走过来，我们点餐。

“一份塞纳河炸鱼、一份炒兔肉、一份色拉和甜点。”迪福太太一本正经、一字一顿地说道。“您再拿两升水和一瓶波尔多葡萄酒来。”他丈夫说。“我们要到草地上去吃饭。”姑娘补充道。

居伊·德·莫泊桑（法国）
《乡间一日》（*Une Partie de campagne*，1881）

炒兔肉

莫泊桑曾经无情地揭示，不仅已婚的女人经不起划船人的挑逗，就连已经订婚的如花少女也无法抵御诱惑……

供 6 人享用
食材准备用时：30 分钟
烹制用时：1 小时

1 只约 2 公斤重的兔子
1 片熏胸肉
200 克洋菇
2 根胡萝卜
6 只洋葱
4 瓣大蒜
250 毫升干白葡萄酒
50 克黄油
20 克香菜
盐、胡椒

1. **请肉店师傅把兔子切成块。将黄油放进一口大炖锅熔化，将兔肉块放进去煎，每一面都要煎到，注意不要粘锅，煎 5 分钟左右。撒上盐和胡椒。**
2. **将洋葱和大蒜去皮，切成薄片。用漏勺将兔肉捞出，装在盘子上备用。把洋葱和大蒜放入炖锅，煎炒十余分钟，直到洋葱变成透明。**
3. **在此期间，将洋菇和胡萝卜去皮切片，把熏胸肉切成薄片。**
4. **当洋葱烧好时，把洋菇、胡萝卜和熏胸肉放入炖锅，轻轻拌炒。加盖，以中火焖烧十余分钟。**
5. **加入兔肉块，浇上白葡萄酒，以文火煮 45 分钟。装盘时，撒上香菜末。传统的吃法，是伴着蒸马铃薯吃；而现代的吃法，是配上米饭或意大利宽面吃。**

酸模小牛肋排

巴黎有时会改变一个人生命的走向……刘易斯·兰伯特·斯特瑞塞已经决心要把他未婚妻的儿子带回美国，带回他妈妈的怀抱，但他没有料想到法国首都繁忙的生活会对他产生这样大的吸引。同样，老欧洲用它的豪华大饭店、它壮观的景象也吸引了创造这个人物的亨利·詹姆斯，乃至这位本土出生的美国作家最终加入了英国国籍！他笔下的人物走在巴黎的郊区迷失了方向，但并没有失掉胃口。

供 4 人享用
食材准备用时：40 分钟
烹制用时：30 分钟

4 块小牛肋排
500 克胡萝卜
2 捆酸模（约 200 克）
100 克黄油
50 克面粉
2 只柠檬
20 克香菜
2 块甜面包干
盐、胡椒

1. 胡萝卜去皮，切成圆片。香菜洗净，保持茎叶完整。将 50 克黄油熔化，放入胡萝卜和一半香菜，以小火烧 20 分钟左右。撒上盐和胡椒。
2. 把面粉倒在一只深盘里，撒上盐和胡椒。将肋排放进去滚一下，留着剩下的面粉备用。
3. 将柠檬榨汁，把剩下的香菜和甜面包干放在一起搅碎。
4. 用一只大长柄锅将剩余的黄油加热，将肋排每面煎 5 分钟，然后将它们从锅中捞出，静置备用。
5. 将煎肋排的黄油倒进一个小平底锅，加入柠檬汁和面粉，大力搅拌成稠腻的汤汁。加 150 毫升水，烧开，任其沸腾 1 分钟，同时不停搅拌。
6. 将做好的汤汁倒入一口炖锅，然后放入肋排，加盖，以中火煮 15 分钟。
7. 将酸模洗净、脱水。放入刚才煎肋排的长柄锅里，加少许水，煎 5 分钟，使其保持脆爽。将香菜面包干加在上面。
8. 在餐盘上铺一层香菜胡萝卜，把肋排摆在上面，再浇上汤汁，配上酸模享用。

最后，他又回到了山谷中来，转身朝他原来出发的地点走去，靠近车站和火车。就这样他最终来到了白马旅店的老板娘面前，她接待了他。她粗爽、敏捷，有如木屐咔嗒咔嗒地从石板路上走过。他同意吃酸模小牛肋排，然后乘车而去。……如果先生喜欢的话，可以去花园里看一看，虽然它不怎么好；那里面有许多桌子和板凳，她还可以为他倒一杯苦啤酒，当作他的餐前饮料。

亨利·詹姆斯（英国）
《使节》（*The Ambassadors*，1903）

锅烧鸡

个性独特的诗人莫里斯·梅特林克(Maurice Maeterlinck,1862~1949)获得过1911年的诺贝尔文学奖,设计过尼斯那座辉煌的奥拉蒙德山庄,却永远无法在两位女性之间做出抉择。他在回忆录里历数了一些豪华盛宴的场面,让人联想到普鲁斯特笔下那著名的小玛德莱娜蛋糕。作为梅当城堡的主人,他令人在里面为堪称其灵感源泉的两位女子蕾妮·达翁和乔洁特·勒布朗兴建了一座真正的剧院,他还在那里种下了许多果树,以纪念自己的父亲。

供8人享用
食材准备用时:45分钟
烹制用时:
2小时45分钟

1只2.5公斤重的农家鸡,
保留鸡肝、鸡肫和鸡心
200克本地火腿
500克胡萝卜
500克白萝卜
250克欧防风
1/4棵卷心菜
3棵韭菜
4只洋葱
3瓣大蒜
2根芹菜
3片软面包
200毫升牛奶
2只鸡蛋
1汤匙阿马尼亚克白兰地
20克香菜
1个炖汤香料包
肉豆蔻粉
8枚丁香花蕾
盐、胡椒

1. 将3升水倒进一口大铁锅,放一咖啡匙盐和香料包,烧开,然后把鸡放进去烧15分钟左右(这是为了制作头道鸡汤)。静置备用。
2. 在此期间,将软面包掰碎泡在牛奶里,然后捞出脱去水分,和鸡内脏一起放进搅拌机,加入一撮肉豆蔻粉和去皮的大蒜瓣。细细搅碎,撒上盐和胡椒。将本地火腿和香菜粗粗剁碎。将这两种馅料装进一只碗中混合,加入阿马尼亚克白兰地和鸡蛋,搅拌均匀。
3. 将上述馅料填入鸡肚子,缝好开口,放在盘上备用。
4. 将一半鸡汤倒入一口大炖锅,然后在原来那口大铁锅里补满水。
5. 将洋葱、胡萝卜、白萝卜和欧防风去皮。将芹菜、韭菜、卷心菜洗净切好。在洋葱上嵌好丁香花蕾,每口锅里放两个;同样,把韭菜、芹菜和卷心菜也均分在两口锅中。
6. 将鸡放回铁锅中烧,而蔬菜则放入炖锅中烧。蔬菜要煮20分钟,而鸡要炖2小时30分钟。享用时,请配以醋渍小黄瓜、老式芥末和几片乡村面包。

RESTAURANT
LA
BOHEME

一天早上，下楼梯的时候，我碰到了厨娘，她告诉我我父母不在家，他们走时没说要去哪里：

……

“太太忘了吩咐我午饭做什么，可能他们要到晚上才回来吧。该做些什么呢？”

“锅烧鸡，要加很多香菜和一些醋渍小黄瓜；还要巧克力冰淇淋和马卡龙蛋糕；还要一打香草华夫饼；还要十二个苹果煎饼；还要……”

“这已经够多的了。我去把鸡炖起来，其他的，等太太回来再说吧。”

莫里斯·梅特林克（比利时）

《蓝色的气泡》（*Bulles bleues*，1949）

“说起来，这样生活真是明智，离巴黎够近，要来时就可以来，又离巴黎够远，可以怡然自得地享受清新的空气。”

……

门铃一响，昂布拉太太就出现在了门口……她挥动手臂表示欢迎，踩着灵活的步伐赶了过来。

“你们为什么不来吃午饭？中午可烧了白豆炖猪肉！……还有伏福雷酒，布瓦斯洛先生也觉得不错……”

维克多·马格力特（法国）
《女汉子》（*La Garçonne*，1922）

沃克雷松荤杂烩

得知自己被未婚夫欺骗后，莫妮克决心独立生活。这很正常呀。不过，那可是在1922年。虽然这部小说取得了销售六十万册的佳绩，但也导致它的作者被剥夺了荣誉骑士勋章。因为这位女主角不仅拒绝做饭，还抽烟，而且在爱情生活方面非常自主，这在那个时代可是不得了的事情……法国小说家维克多·马格力特（Victor Margueritte，1866~1942）本想将自己的这本书命名为《一丝不挂》。他在书中塑造了一个女汉子的典型，她不仅有着自己独特的生活方式，更有自己独特的思维方式！

供6人享用
食材准备用时：前一天5分钟，当天30分钟
烹制用时：45分钟

1.5公斤去骨的猪前腿肉
150克猪肥膘
1公斤白豆
3根胡萝卜
2只洋葱
50克黄油
1个炖汤香料包
盐、胡椒

1. 前一天，将白豆泡在水里。将肉切成约8厘米见方的块状。
2. 当天，将黄油放进一口大炖锅里熔化。将洋葱和胡萝卜去皮切片，放到黄油里煎十几分钟。撒上盐和胡椒。
3. 将肉放进去，每一面都煎至色泽金黄。
4. 将肥膘切成片，和沥干的白豆一起放入炖锅。
5. 加水没过食材，放入香料束，搅拌一下，以小火炆煮45分钟。捞出香料束，就着烤面包片享用。

司汤达煮豌豆

布瓦索决心跻身巴黎的上流社会，于是他在自己位于维罗夫莱的奢华居所里招待巴黎的社会名流。这个自以为聪明的男人为了附庸风雅收藏了一大堆一流的书籍，不过他搞错了：他首先要征服的，应该是客人们的胃！化名司汤达的亨利·贝尔（Henry Beyle，1783~1842）还无情地刻画了一位年轻的画家费代，他一面讨好布瓦索太太，一面为她的丈夫献计献策。为了诱惑和勾引，任何道德都抛在了脑后……

供 6 人享用
食材准备用时：25 分钟
烹制用时：25 分钟

2 公斤新鲜豌豆
1 根胡萝卜
1 只洋葱
100 克新鲜菠菜
80 克黄油
6 片面包片
1 块固体鸡汤料
盐、胡椒

1. **剥掉豌豆荚。将洋葱和胡萝卜去皮，切成薄片。**
2. **将 50 克黄油放在一口大炖锅里熔化，放入洋葱煎 10 分钟左右，直到它色泽透明。然后加入胡萝卜。拌炒，撒上盐和胡椒。**
3. **放入固体汤料，加 2 升水，使汤料溶化，然后倒入豌豆，煮 15 分钟左右。**
4. **将菠菜洗净。在豌豆煮好之前 5 分钟将菠菜放进炖锅。**
5. **在面包片上抹好黄油，烤好后和豌豆一起享用。**

“到您家来赴宴的人绝对不会在晚上回到巴黎时说‘这个布瓦索收藏了一本伏尔泰的书，它的装帧精美，就算拿到最富有的英国人的图书馆里也不失光彩’。但他们在吃饭时一定会说：‘我们那天在布瓦索家吃的豌豆烧得很好，很有味道。’”

……

我们看到了这样一个辛苦的事实：很多次，费代一大早六点钟就起床，拉上一位高超的厨师坐上马车跑到中央市场，指挥他为维罗夫莱的晚宴购买堪称独到的菜品。

整整几个月间，费代一直在创造这样的奇迹。

司汤达（Stendhal，法国）
《费代或有钱的丈夫》（*Féder ou le Mari d'argent*，1839）

四点钟,瓦泰勒急得到处走,他发现一切仿佛都睡着了。他遇到了一个小送货的,后者仅给他送来了两担海鲜。他问他:"就这些?"他回答他:"是的,先生。"他不知道瓦泰勒已经派了人到各个海港去。他等了一段时间,其他送货人还是没来,他气血上涌。他以为再不会有海鲜送来了。他去找到古尔维耶,对他说:"先生,我无法面对这样的耻辱苟活下去,我不能丧失荣誉和名声。"古尔维耶笑话了他。瓦泰勒回到住处,把剑固定在门上,冲过去让剑刺穿自己的身体,但前两剑都不致命,直到第三次,他才倒地死亡。而这时,四面八方送来的海鲜都到了。

塞维涅夫人(法国)
《致格里尼昂夫人的信》(1671年4月26日)

瓦泰勒贝壳

要是没有法国贵族塞维涅夫人(Mme de Sévigné, 1626~1696),那就没有她那些关于巧克力功效的信件,就没有她陪同财政大臣富凯参加的宴席,就没有她记录下来的盛大的婚姻公告,巴黎文学历史上的很大一部分就会缺失……

供6人享用
食材准备用时:30分钟
烹制用时:30分钟

500克白鲑鱼(即无须鳕鱼)
1根胡萝卜
1只洋葱
1根大葱
150克蘑菇
100克黄油
250毫升牛奶
100克瑞士格鲁耶尔奶酪
50克面粉
20克香菜
1咖啡匙肉豆蔻粉
盐、胡椒

1. 将鱼洗净,刮去鱼鳞。将洋葱、胡萝卜和大葱去皮,切成薄片。
2. 用炖锅将50克黄油熔化,把上述蔬菜放进去煎十几分钟。撒上盐和胡椒。
3. 香菜洗净剁碎,蘑菇切成极薄的片状。将它们以及肉豆蔻粉倒入炖锅中,搅拌均匀。
4. 加水,只要没过食材就好。把去了鳞的鱼肉块放进去,以小火煮15分钟左右。
5. 用平底锅将剩余的黄油熔化,倒入面粉,以餐叉搅拌,并把结块弄碎。不要关火,将牛奶慢慢倒入,大力搅拌直到白汁变厚发稠。撒上盐和胡椒。
6. 将烧好的鱼肉和配菜装在一只只贝壳里,浇上白汁,撒上奶酪末。
7. 将贝壳放入烤炉烘烤5分钟,便可享用了。

葡萄酒烩鳗鱼

虽然弗雷德里克·莫罗陪着可爱的罗莎妮共进晚餐，可他心里想着的却是另一个人。他所痴恋的玛丽·阿尔努是一位富有的艺术商人的妻子，从来对这个充满野心的年轻人看都不看一眼。不过，巴黎的革命风云或许会给福楼拜这部小说的主人公预备一些意想不到的机会。福楼拜是法国文坛巨匠，是左拉和莫泊桑写作方面的老师……

供6人享用
食材准备用时：30分钟
烹制用时：50分钟

1条约800克重的鳗鱼
1根胡萝卜
1只洋葱
12只小白洋葱
300克小洋菇
1根芹菜
130克黄油
750毫升干白葡萄酒
1个炖汤香料包
2汤匙面粉
盐、胡椒

1. 把鳗鱼清理干净，切成约15厘米长的段状。
将胡萝卜和洋葱去皮，切成薄片，并把芹菜切片。
2. 用大炖锅将50克黄油熔化，然后放入胡萝卜、洋葱、芹菜，以及香料包。煎炒5分钟，然后加入鳗鱼段，以文火煎5分钟，注意不要让它们粘锅。撒上盐和胡椒。倒入白葡萄酒，炆煮30分钟至微微沸腾。
3. 在此期间，将小洋葱去皮。将30克黄油放在一只平底锅里熔化，把小洋葱放进去煎至变色。加水盖住它，煮5分钟。
4. 将洋菇洗净去根。把剩下的黄油放到一只长柄锅里熔化，把洋菇完整地倒进去煎10分钟，不时拌炒。
5. 当鱼煮好时，把汤汁过滤到一只平底锅里，把鳗鱼和菜蔬装在一只盘子上备用。在鱼汤里撒入面粉，大力搅拌，烧开，令其沸腾2分钟，使汤汁黏稠。撒上盐和胡椒。
6. 把鳗鱼、菜蔬、小洋葱和洋菇重新装进炖锅。去掉香料束。请浇上汤汁趁热享用，或将汤汁作为佐料放在旁边。

ELZA
RESTAURANT
L'ANGÉLUS

晚上，他们到塞纳河岸边的一间小饭馆吃晚饭。他们坐在了窗边的一张桌子前，罗莎妮坐在他的对面；他便静静地凝视着她那纤细而白皙的小鼻子、翘翘的嘴唇、明亮的双眼、披散的栗色长发、漂亮的鹅蛋脸。丝绸袍紧贴在她那纤弱的肩膀上；她的双手从干净的袖口中伸出来切菜、倒酒，在桌面上游弋。服务员把饭菜端了上来，是一只伸开翅膀和两爪的小鸡、一条装在白瓷碗中的酒烩鳗鱼，涩涩的酒，硬硬的面包，几把餐刀还是缺了口的。所有这些反而令他们更加开心、更充满了幻想。他们简直以为自己是在意大利度蜜月。

古斯塔夫·福楼拜（法国）

《情感教育》（*L' Éducation sentimentale*，1869）

一个修女带着二十多个小女孩也来到这里,她们有的坐在草地上,有的在我们身旁闲转。当她们玩耍的时候,来了一个卖蛋卷的小贩,带着一个小鼓和转盘,一路吆喝着。看得出来那些小女孩都很想吃蛋卷,其中两三个看上去颇有些钱的女孩就求修女让她们去试试运气。

让 - 雅克·卢梭(法国)

《一个孤独漫步者的遐想》(*Rêveries d'un promeneur solitaire*,1776)

卢梭的蛋卷

在1722年被警方颁布的条例禁止以前,卖蛋卷的商贩一直都是一道独特的风景,他们总能把许多行人聚集在自己的流动摊子旁边,让香甜的气味弥漫在首都巴黎的街巷以及相邻的公园……让 - 雅克·卢梭(Jean-Jacques Rousseau,1712~1778)在他的《一个孤独漫步者的遐想》中就讲述了在布洛涅森林看到的这样一幕……

制作二十余个蛋卷
食材准备用时:20分钟
烹制用时:15至40分钟

250克面粉
100克蜂蜜
2只鸡蛋
100克黄油

1. 用一只小平底锅将50克黄油熔化,然后加入蜂蜜和2汤匙水。大力搅拌成稠腻状。
2. 将上述备料倒入一只碗中,加入鸡蛋,重新搅打,直到颜色变白。
3. 慢慢倒入面粉,同时大力搅拌,直到形成比较柔滑的面团。
4. 有几种烹制方法供您选择。如果您有华夫饼模,那么就可以像烤华夫饼那样,先将饼模涂好黄油,然后将面倒在模子里烘烤3至4分钟。您还可以用几个烤火腿干酪夹心面包的模子来烤蛋卷(时间与前面相同);或者还可以用擀面杖将面团擀平,涂抹上黄油,直接放进烤炉烘烤(炉温180℃,烘烤15分钟)。
5. 刚刚烤好时,如果您愿意,可以将它们卷成圆锥形,待冷却后享用或者立刻趁热品尝。

××××××××××××××××××××××××××××

的确,省长送给了我:十桶红葡萄酒、两桶烧酒、放在填满石灰和麸皮的箱子里的三万只鸡蛋、一百袋咖啡、二十箱茶叶、四十箱阿尔贝尔甜脆饼干、一千个罐头和许多其他东西。

大巧克力商人默尼耶先生送给了我五百斤巧克力。我的一位朋友是面粉厂主,送了我二十袋面粉,其中有六袋是玉米粉。这位面粉厂主就是我在费利克斯·波丹音乐学院时向我求婚的那个人;我以前住在马勒柴尔卜大街11号时的邻居也响应了我的呼吁,给我送来了十大桶葡萄干、一百个沙丁鱼罐头、三袋大米、两袋蚕豆和二十块圆锥糖块。

××××××××××××××××××××××××××××

莎拉·伯恩哈特(法国)
《我的双重生活》(*Ma Double Vie*, 1907)

莎拉·伯恩哈特巧克力慕斯

法国女演员莎拉·伯恩哈特(Sarah Bernhardt, 1844~1923)小时候寄宿于奥特伊的格朗香修道院,后来成为了当时最著名的女演员,声名远及美国西部。她从来不肯放弃对巧克力的热爱。修道院院长应该给了她特别的许可,因为院里的其他人都不准吃巧克力的。甚至当1870年巴黎被围城时,在她组织的鼓舞前线士兵士气的活动中,她也没有忘记向著名的巧克力商人默尼耶企业的老板求助。大家都行动起来了!

供6人享用
食材准备用时:提前两天5分钟,前一天30分钟

200克黑巧克力
150克咸黄油
100克糖
1枝香草
5只鸡蛋
盐

1. **提前两天,将香草一剖为二,将里面的籽刮下来掺到糖里。装入密封的罐子,静置至第二天。**
2. **第二天,用平底锅将巧克力熔化,加入黄油和糖。关火,大力搅拌。**
3. **敲开鸡蛋,将蛋黄与蛋清分离,把蛋黄加到巧克力里。**
4. **往蛋清里放一撮盐,打成紧实的雪状,然后将其放到巧克力里。**
5. **将慕斯装到一只漂亮的杯里或几只小蛋糕杯中。待冷却至常温,放入冰箱冷藏至次日享用。**

马拉斯加樱桃糕

爱德华·卡多尔(Édouard Cadol,1831~1898)为知名剧团创作过多部剧本,颇受泰奥菲尔·戈蒂耶的欣赏,后者甚至将他与巴尔扎克相提并论。他还曾获得过与他人合作将《海底两万里》改编成戏剧的莫大光荣!作为一个顽固的吃货,他在自己所有的作品里都安排了一些饮食的情节,对他那个时代的人们那种追逐时尚的饮食潮流进行了讥讽。

供 6 人享用
食材准备用时:
前一天 30 分钟

40 块饼干
300 克糖水樱桃
200 克樱桃果酱
250 克法式酸奶油
200毫升樱桃利口甜酒(可选)

1. **将糖水樱桃中的樱桃捞出,把糖水倒入一只深盘里。加入利口甜酒。**
2. **将饼干在糖水里浸泡一下,然后拿一个高沿的果酱吐司模子,把饼干平面朝下铺在模子底部和内壁贴紧实。**
3. **将果酱和法式酸奶油倒进碗中,大力搅拌,然后把拌好的樱桃奶油在饼干上铺一层。将樱桃均匀地插在奶油中。**
4. **再盖上一层浸过糖水的饼干。重复这两步,直到食材用尽。最上面平面朝下地铺一层饼干。**
5. **将做好的蛋糕压紧实,放入冰箱冷藏至第二天。**

公爵夫人焖菜——这是什么?——是一种用羊脚做的焖菜。

吃晚饭前的几个小时,他就待在自己房间里,靠编写帆船比赛报道打发时光。他希望在编辑部秘书的照应下,把那篇报道发表在一份水上运动报刊上。这样,他也可以告诉自己在这段关系中还是存有一些令人非常愉悦的东西的。

……

“你不陪我们了?”看到他连甜点都没有吃完就从餐桌上起身,他妈妈便问他。

“不,妈妈,”他自信满满地答道,“我答应为《度假报》写报道,他们在等我的稿子。”

爱德华·卡多尔(法国)
《被诱惑的少女们》(*Les Filles séduites*,1890)

我亲爱的朋友,下个星期四,也就是本月8日,您有空吗?我们有一些朋友会来吃晚饭,我们希望邀请您也来参加。不过,因为到时候人比较多,我丈夫觉得最好不要朗诵《磨坊之役》。特别是因为卡尔瓦洛也会来。我们把朗诵会推迟到再下一次晚宴。

我要告诉你,提耶博会带小酥饼来当作甜点。我们说定了,好不好?请向苏珊娜表示我温情的致意,并深情问候您二位。

亚历桑德琳·左拉(法国)
《致菲丽比娜·布吕诺的信》(1892年12月2日)

左拉夫人的小酥饼

左拉的妻子亚历桑德琳(Alexandrine Zola,1839~1925)是一位难得的女主人,她协同丈夫在梅当的家里招待过十九世纪末法国的许多精英作家,她为他们准备了许多美味佳肴,其中包括那道堪称经典的普罗旺斯鱼汤……梅当的夜晚令作家们趋之若鹜,他们甚至在1880年联合出版了一部名为《梅当夜谈》的文集,主要撰稿人有莫泊桑、乔里－卡尔·于斯曼,当然还有左拉。这可以说是美食催化文学的一段佳话。

制作三十余个酥饼
食材准备用时:前一天5分钟,当天20分钟
烹制用时:20分钟

300克面粉
100克糖
150克黄油
2只鸡蛋
100克葡萄干
1瓣香草
盐

1. 前一天,将香草剖开,放到糖里。装入密封的罐子里,静置到第二天。
2. 当天,将黄油熔化。把面粉倒进钵中,加入熔化的黄油和一撮盐,搅拌均匀。加150毫升水和一只鸡蛋。揉拌成均匀的面团。
3. 将烤炉预热至180℃。将面团在案桌上擀平,借助压模做成圆形或其他形状的小饼。将葡萄干撒在一些小饼的表面,轻轻压一下,使它们稍稍插入饼面。
4. 将另一只鸡蛋打在一只碗中,大力搅打。用食物刷把蛋液刷在小饼的表面,这样可以使它们烤好后呈现金黄的色泽。入炉烘烤20分钟。

玫瑰撒酒旁，
美酒浇花上，
相对饮佳酿。
心间黯然伤，
借酒释愁肠。

春早玫瑰香，
告诫世上郎：
快乐享时光，
仗年少张狂，
赏生命华芳。

花香终凋敝，
美艳旦夕亡。
人生亦如是：
莫道光阴长，
青春倏忽丧。

君不见昨日布里农：
高谈阔论人豪爽，
而今消逝无影踪，
化作尘埃入棺葬，
徒留虚名世间扬？

皮埃尔·德·龙萨（法国）
《颂歌集》（*Odes*，1552）

玫瑰草莓杯

皮埃尔·德·龙萨（Pierre de Ronsard，1524~1585）曾经受维莱纳和梅当的领主让·布里农的资助，和他门下的许多诗人一样，都从山间玫瑰和葡萄美酒上汲取着灵感。梅当城堡的盛宴以慷慨大方闻名一时，却最终令其豪爽的领主破了产。不过他的名字被留在了十六世纪的许多诗作中，对于一位热爱艺术的朋友来说，这不正是一份最好的礼物吗？

供 6 人享用
食材准备用时：前一天 10 分钟，当天 30 分钟

500 克草莓
500 克覆盆子
750 毫升上好的红葡萄酒
100 克糖
50 克糖渍玫瑰花瓣（到食用香料店购买）
1 枝香草
1 只未加工的橙子
几片薄荷叶

1. 前一天，将香草一剖为二，放入糖中。把橙子皮剥下来放到糖里。将糖装进密封罐中，静置到第二天。
2. 当天，将糖渍玫瑰花瓣掺到酒里，加糖。手工大力搅拌直到糖全部溶解。
3. 快速清洗好草莓和覆盆子，根据大小将每只草莓纵切成两块或四块。
4. 将草莓和覆盆子混在一起放到杯中，浇上玫瑰葡萄酒。放入冰箱冷藏。享用时，可以点缀上几片薄荷叶。吃货们还可以另外放一个草莓冰淇淋球到杯子里……

菜名索引

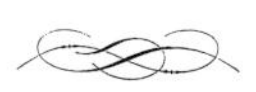

参考书目

Béarn, Pierre, *Paris gourmand*, Gallimard, 1929.

Bihl-Willette, Luc, *Des tavernes aux bistrots, Une histoire des cafés*, L' Âge d' Homme, 1997.

Cendrars Blaise ; Miller, Henri, *Correspondance Cendrars-Miller*, Denoël, 1995.

Cocteau, Jean, *Les Enfants terribles*, in *Œuvres*, LGF, 1995.

Colette, *Œuvres complètes*, Flammarion, 1960.

Daudet, Léon, *Souvenirs littéraires*, Grasset, 1968.

Gide, André, *Les Faux-monnayeurs*, Gallimard, 1925.

Guitry, Sacha, préface à *Éloge de la cuisine française*, Édouard Nignon, Inter-livres, 1995.

Hemingway, Ernest, *Paris est une fête*, traduit de l' anglais (États-Unis) par Marc Saporta, Gallimard, 1964.

Héron de Villefosse, René, *Histoire et géographie gourmandes de Paris*, Les Éditions de Paris, 1956.

Le Beau, Huguette, *Jean Cocteau parmi nous*, Puits fleuri, 2001

Leblanc, Maurice, *Œuvres complètes*, Librairie des Champs-Élysées, 1998.

Mac Orlan, Pierre, *Quai des brumes*, Le livre de Poche, 1966.

Maeterlinck, Maurice, *Bulles bleues, souvenirs heureux*, Éditions du Rocher, 1948.

Margueritte, Victor, *La Garçonne*, Flammarion, 1922.

Queneau, Raymond, *Le Vol d'Icare*, Gallimard, 1994.

Simenon, Georges, *Les Clients d'Avrenos*, Gallimard, 2006.

Somerset Maugham, William, *Le Fil du rasoir*, traduit de l' anglais par Renée L. Oungre, Livre de Poche, 1966.

Vian, Boris, *L'Écume des jours*, 10/18, 1993.

摘录的作品

Abbé Mugnier, *Journal*

About, Edmond, *L'homme à l'oreille cassée*

Allais, Alphonse, *Deux et deux font cinq*

Balzac, Honoré de, *Les Illusions perdues et Traité des excitants modernes*

Banville, Théodore de, *Les Parisiennes*

Barbier, Auguste, *Les Satires*

Bashkirtseff, Marie, *Lettres*

Béarn, Pierre, *Paris gourmand*

Bernhardt, Sarah, *Ma double vie*

Bihl-Willette, Luc, *Des tavernes aux bistrots, Une histoire des cafés*

Cadol, Édouard, *Les Filles séduites*

Cendrars, Blaise ; Miller, Henri, *Correspondance Cendrars-Miller*

Champsaur, Félicien, *Dinah Samuel*

Chateaubriand, François-René de, *Mémoires d'outre-tombe*

Chavette, Eugène, *Les Petites Comédies du vice*

Cocteau, Jean, *Les Enfants terribles*

Colette, *Œuvres complètes*

Comtesse de Ségur, *Les Deux Nigauds*

Coppée, François, *Contes rapides, « À table »*

Courteline, Georges, *Boubouroche*

Daudet, Alphonse, *Contes pour la jeunesse, Les Petits Pâtés et Lettres de mon moulin*

Daudet, Léon, *Souvenirs littéraires*

Dumas, Alexandre, *Le Comte de Monte-Cristo*

Feydeau, Georges, *La Duchesse des Folies-Bergères*

Flaubert, Gustave, *Bouvard et Pécuchet et L'Éducation sentimentale*

Gaboriau, Émile, *L'Affaire Lerouge*

Gallet, Pierre, *Voyage d'un habitant de la Lune à Paris à la fin du XVIIIe siècle*

Gautier, Théophile, *Contes humoristiques*

Gide, André, *Les Faux-monnayeurs*

Guitry, Sacha, *préface à Éloge de la cuisine française*

Hemingway, Ernest, *A Movable Feast*

Héron de Villefosse, René, *Histoire et géographie gourmandes de Paris*

Hugo, Victor, *Notre-Dame de Paris*

Huysmans, Joris-Karl, *En ménage*

James, Henry, *The Ambassadors*

Kotzebue, August Von, *Erinnerungen aus Paris*

Labiche, Eugène, *Le Voyage de M. Perrichon*

Leblanc, Maurice, *Œuvres complètes*

Leroux, Gaston, *Le Mystère de la chambre jaune*

Mac Orlan, Pierre, *Quai des brumes*

Madame de Sévigné, *Lettres*

Maeterlinck, Maurice, *Bulles bleues, souvenirs heureux*

Mallarmé, Stéphane, *Œuvres complètes*

Margueritte, Victor, *La Garçonne*

Maupassant, Guy de, *Contes et nouvelles*

Mercier, Sébastien, *Le Nouveau Paris*

Musset, Alfred de, *Confession d'un enfant du siècle*

Nerval, Gérard de, *Les Halles, Nuits d'octobre*

Proust, Marcel, *Du côté de chez Swann*

Queneau, Raymond, *Le Vol d'Icare*

Radiguet, Raymond, *Le Diable au corps*

Renard, Jules, *Journal*

Restif de la Bretonne, Nicolas Edme, *Les Nuits de Paris*

Ronsard, Pierre de, *Odes*

Rousseau, Jean-Jacques, *Rêveries d'un promeneur solitaire*

Sand, Georges, *Correspondance*

Simenon, Georges, *Les Clients d'Avrenos*

Somerset Maugham, William, *The Razor's Edge*

Stendhal, *Féder ou le Mari d'argent*

Verne, Jules, *Paris au XXe siècle*

Vian, Boris, *L'Écume des jours*

Zola, Émile, *Le Ventre de Paris et Pot-bouille*

地址集锦

餐馆饭店

Le Train bleu（蓝色列车）
Place Louis Armand
1er étage de la gare de Lyon
en face des voies à lettre
75012 Paris
Tél. : 01 43 43 09 06
www.le-train-bleu.com

Lipp（利普餐厅）
151 Boulevard Saint Germain
75006 Paris
Tél. : 01 45 48 53 91
www.groupe-bertrand.com

Le grand Véfour（大维富饭店）
17 rue du Beaujolais
75001 Paris
Tél. : 01 42 96 56 27
www.grand-vefour.com

Lapérouse（拉贝鲁斯饭店）
51 quai des Grands Augustins
75006 Paris
Tél. : 01 56 79 24 31
www.laperouse.fr

Le Bouillon Racine（拉辛汤馆）
3 rue Racine
75006 Paris
Tél. : 01 44 32 15 60
www.bouillon-racine.com

À la mère de famille（一家之母）
33 et 35 rue du Faubourg Montmartre
75009 Paris
Tél. : 01 47 70 83 69
www.lameredefamille.com

作家故居

Maison Zola – Musée Dreyfus（左拉故居－德雷弗斯纪念馆）
26 rue Pasteur
78670 Médan
Tél. : 01 39 75 35 65
maisonzola-museedreyfus@cegetel.net
www.maisonzola-museedreyfus.com

Château de Médan（梅当城堡）
43 rue Pierre Curie
78670 Médan
Tél. : 01 39 75 86 59
chateaudemedan@gmail.com
www.chateau-de-medan.fr

Maison Jean Cocteau（让·科克托故居）
15 rue du Lau
91490 Milly-la-Forêt
Tél. : 01 64 98 11 50
maison@jeancocteau.net
www.jeancocteau.net/

在巴黎市和巴黎地区，还有雨果故居、巴尔扎克故居、皮埃尔·马克·奥尔朗故居、马拉美故居、爱尔莎·特奥莱和路易·阿拉贡故居、夏多布里昂故居、让－雅克·卢梭故居、屠格涅夫故居以及大仲马故居……

致谢

作者安娜·玛提奈蒂致谢：

感谢欧也妮、保罗和弗朗索瓦兹提供的珍贵资料，感谢纪尧姆、让、奥古斯坦和加斯帕尔提供的物质或精神支持……

感谢玛丁娜·勒布隆－左拉向我们开放左拉在梅当的故居并允许我们使用其家传餐具。她还将左拉的一顶帽子送给了我，对此我将永志不忘……

感谢玛里翁和让－皮埃尔·奥班·德·马里考纳让我们参观他们的厨房、客厅以及亨利四世、弗朗索瓦·维庸和莫里斯·梅特林克曾经居住过的城堡！

感谢位于米伊拉福雷的让·科克托故居的斯蒂芬·肖芒和德尼·帕斯齐耶尔将于盖特·勒博所著的《让·科克托在我们中间》一书寄给我们。

感谢波泰与夏博酒店的斯蒂芬·列维克提供的关于巴黎豪华盛宴的资料。

摄影师菲利普·阿塞的致谢：

菲利普·阿塞感谢艾丽斯·阿塞·盖朗布景绘图，并感谢巴什利耶古董店（Bachelier Antiquités）的弗朗索瓦·巴什利耶出借的古董餐厨用具。
该古董店地址：Marché Paul Bert, 17 allée 1, 93400 St-Ouen。

同样，他感谢所有许可其在以下场所进行摄影的人士：
蓝色列车（Le Train bleu）、利普（Lipp）、大维富（Le grand Véfour）、拉贝鲁斯（Lapérouse）、拉辛汤馆（Le Bouillon Racine）、三钟经（L' Angélus）、波希米亚（La Bohème）、三钟肉店（La Boucherie de l' Angélus）、让娜的婚礼（Les Noces de Jeanette）、肉桂树（L' Arbre à cannelle）、瓦朗坦（Le Valentin）、克莱芒汀（Clémentine）、一家之母（À la mère de famille）、佩蓬农场（La Ferme de Péponne）、金羽毛（La Plume d' or）、洛泰（Leautey）、各色酒吧（Bar des variétés）。

图书在版编目（CIP）数据

盘中巴黎 /（法）玛提奈蒂（Martinetti,A.）著；（法）阿塞（Asset,P.）摄影；全志钢译 .—上海：上海人民出版社，2015
ISBN 978-7-208-12284-0
I. ①盘… II. ①玛…②阿…③全… III. ①饮食—文化—法国 IV. ① TS971
中国版本图书馆 CIP 数据核字（2014）第 097237 号

图片版权

本书中所有照片（菜肴、氛围及布景）均由菲利普·阿塞拍摄。除第 17 页、第 29 页、第 61 页、第 63 页、第 73 页、第 79 页、第 83 页、第 99 页、第 107 页、第 118 页、第 123 页、第 129 页、第 161 页、第 175 页、第 177 页、第 191 页、第 199 页、第 203 页的版画由 Chêne 出版社提供或来自 Hachette Livre 的图片库以外，所有版画均来自作者的私人收藏。

责任编辑 李同洲
封扉制作 Adrian

盘中巴黎
［法］安娜·玛提奈蒂 著
［法］菲利普·阿塞 摄影
全志钢 译

出　版　世纪出版集团 上海人民出版社
　　　　（200001 上海福建中路 193 号 www.ewen.co）
出　品　世纪出版股份有限公司 北京世纪文景文化传播有限责任公司
　　　　（100013 北京朝阳区东土城路 8 号林达大厦 A 座 4A）
发　行　世纪出版股份有限公司发行中心
印　刷　浙江新华数码印务有限公司
开　本　850×1168 1/16
印　张　14.25
字　数　105,000
版　次　2015 年 1 月第 1 版
印　次　2015 年 1 月第 1 次印刷
ISBN　978-7-208-12284-0/TS · 23
定　价　59.00 元